# ANATOMIE ARTISTIQUE

## PLANCHES

Cet ouvrage a été déposé au ministère de l'intérieur (section de la librairie) en avril 1890.

# ANATOMIE ARTISTIQUE

## DESCRIPTION

DES

# FORMES EXTÉRIEURES DU CORPS HUMAIN

AU REPOS ET DANS LES PRINCIPAUX MOUVEMENTS

PAR

## LE D<sup>R</sup> PAUL RICHER

CHEF DE LABORATOIRE A LA FACULTÉ DE MÉDECINE
ANCIEN INTERNE DES HOPITAUX
LAURÉAT DE L'ASSISTANCE PUBLIQUE, DE LA FACULTÉ ET DE L'ACADÉMIE DE MÉDECINE
LAURÉAT DE L'INSTITUT DE FRANCE

AVEC 110 PLANCHES

RENFERMANT PLUS DE 300 FIGURES DESSINÉES PAR L'AUTEUR

## PLANCHES

## PARIS

LIBRAIRIE PLON

E. PLON, NOURRIT ET C<sup>IE</sup>, IMPRIMEURS-ÉDITEURS

RUE GARANCIÈRE, 10

—

1890

# TABLE DES PLANCHES

# ÉCHELLE DE PROPORTION DES FIGURES

Tous les dessins originaux de la partie anatomique ont été exécutés à une même échelle. Ils sont tous de grandeur demi-nature, se rapportant à un type qui aurait un mètre soixante-quatorze centimètres de taille.

J'avais d'abord eu l'intention, dans les reproductions qui composent les planches de cet ouvrage, de conserver une égale proportion en faisant réduire d'une même quantité tous les dessins originaux. Mais j'ai dû abandonner cette idée en présence des avantages qu'il y avait à consacrer aux petits os du squelette, ceux du poignet, par exemple, des dessins relativement plus grands que ceux qui étaient relatifs aux grandes pièces osseuses, comme le fémur. J'ai donc adopté plusieurs dimensions. D'ailleurs, les proportions relatives des diverses parties se retrouvent sur les planches d'ensemble, qui sont toutes réduites à la même échelle.

J'ai pensé utile néanmoins d'indiquer ici les diverses proportions adoptées. Elles sont résumées dans le tableau suivant :

|  | | |
|---|---|---|
| | Vertèbres (pl. 3, 4 et 6). . . . . . . . . . . . . . . . | |
| | Os du poignet de la main (pl. 12). . . . . . . . . . | 2/5 de nature. |
| | Os du pied (pl. 28, 29 et 31). . . . . . . . . . . . | |
| | | |
| | Tête (pl. 1 et 2). . . . . . . . . . . . . . . . . . . . | |
| | Colonne vertébrale (pl. 5 et 7). . . . . . . . . . . | |
| | Sternum, côte (pl. 8). . . . . . . . . . . . . . . . | |
| | Cage thoracique (pl. 9 et 10). . . . . . . . . . . . | |
| OSTÉOLOGIE | Clavicule et omoplate (pl. 11). . . . . . . . . . . . | |
| ET | Os coxal (pl. 12). . . . . . . . . . . . . . . . . . . | 1/3 de nature. |
| ARTHROLOGIE. | Bassin (pl. 13, 14 et 15). . . . . . . . . . . . . . | |
| | Humérus (pl. 19). . . . . . . . . . . . . . . . . . | |
| | Os de l'avant-bras (pl. 17). . . . . . . . . . . . . | |
| | Fémur (pl. 26). . . . . . . . . . . . . . . . | |
| | Os de la jambe (pl. 27 et 28). . . . . . . . . . . . | |
| | | |
| | Planches d'ensemble : | |
| | Tronc (pl. 16, 17, 18). . . . . . . . . . . . . . | |
| | Membre supérieur (pl. 23, 24 et 25). . . . . . . . | 1/4 nature. |
| | Membre inférieur (pl. 32, 33, 34 et 35) . . . . . . | |

Bosse frontale . . . . . . . . . . .

Bosse nasale . . . . . . . . . . . .

Pariétal . . . . . . . . . . . . . . .     Arcade orbitaire . . . . . . . . . . . . . . .    **Frontal.**

Crête temporale . . . . . . . . . .

Fosse temporale . . . . . . . .     Apophyse orbitaire externe . . . . . . .

Cavité orbitaire . . . . . . . . . .     **Os nasal.**

Os jugal . . . . . . . . .     Apophyse montante . . . . . . . . . .

Orifice antérieur des fosses     Apophyse zygomatique . . . . . . . . . .    **Maxillaire**
nasales . . . . . . . . .        **supérieur.**

Bord alvéolaire . . . . . . . . .

Condyle . . . . . . . . . .

Apophyse coronoïde . . . . . . . . .

**Maxillaire**
**inférieur.**     Bord alvéolaire . . . . . . . . . . .

Ligne maxillaire externe . . . . . . . . . . . .

Éminence mentonnière . . . . . . . . . .

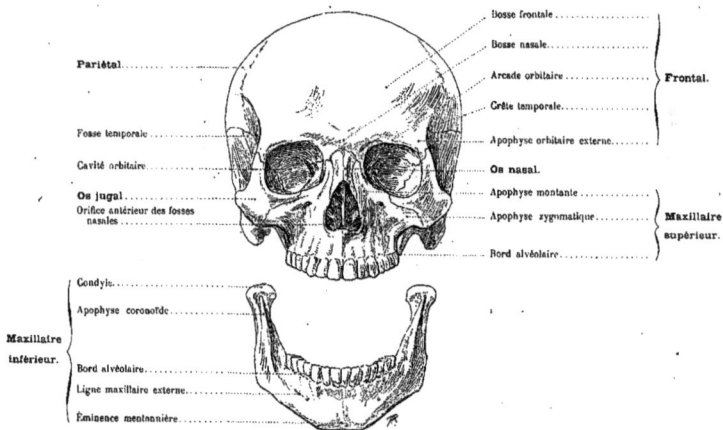

FIG. 1. — PLAN ANTÉRIEUR.

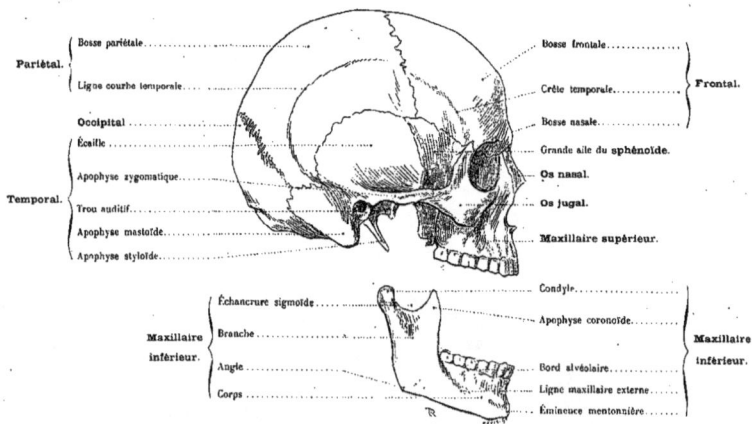

**Pariétal.**     Bosse pariétale . . . . . . . . . . . . .     Bosse frontale . . . . . . . . . . . . .

Ligne courbe temporale . . . .     Crête temporale . . . . . . . . . . .    **Frontal.**

**Occipital** . . . . . . . . . .     Bosse nasale . . . . . . . . . .

Écaille . . . . . . . . . .     Grande aile du sphénoïde.

Apophyse zygomatique . . . . . . . .     **Os nasal.**

**Temporal.**     Trou auditif . . . . . . . . . .     **Os jugal.**

Apophyse mastoïde . . . . . . . . . .     **Maxillaire supérieur.**

Apophyse styloïde . . . . . . . . . . .

Échancrure sigmoïde . . . . . .     Condyle . . . . . . . . . . .

Apophyse coronoïde . . . . . . . .

**Maxillaire**     Branche . . . . . . . . . . . . .             **Maxillaire**
**inférieur.**           Bord alvéolaire . . . . . . . . . . .    **inférieur.**

Angle . . . . . . . . .     Ligne maxillaire externe . . . .

Corps . . . . . . . . .     Éminence mentonnière . . . . . .

FIG. 2. — PLAN LATÉRAL.

Dr Paul Richer del.

Sutura fronto-pariétale..............

Suture sagittale ou interpariétale......

Suture lambdoïde ou occipito-pariétale..........

Frontal.

Pariétal.

Écaille de l'Occipital.

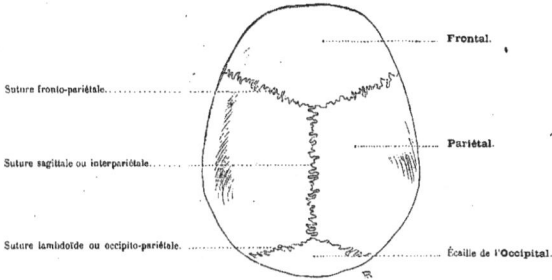

FIG. 1. — PLAN SUPÉRIEUR.

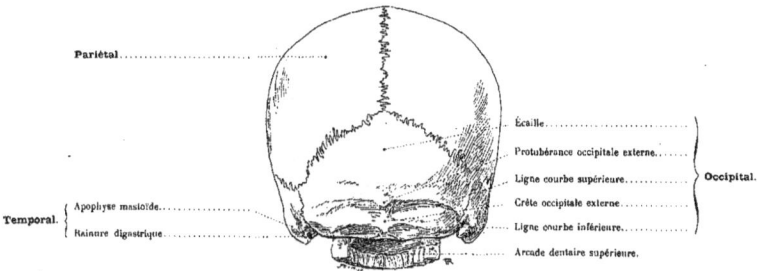

Pariétal...................

Temporal. { Apophyse mastoïde...............
          { Rainure digastrique................

Écaille..........................
Protubérance occipitale externe........
Ligne courbe supérieure............
Crête occipitale externe............
Ligne courbe inférieure............   } Occipital.
Arcade dentaire supérieure.

FIG. 2. — PLAN POSTÉRIEUR.

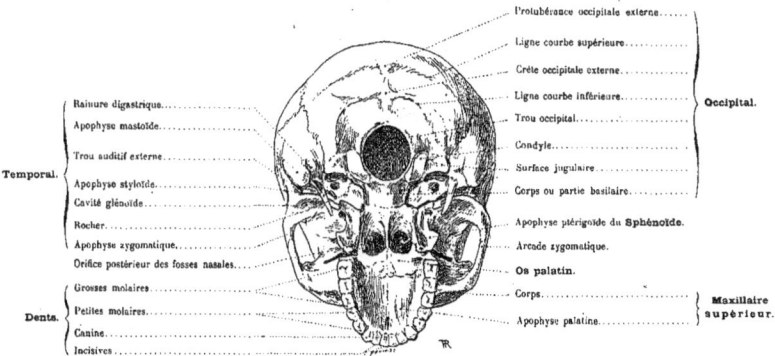

Protubérance occipitale externe......
Ligne courbe supérieure............
Crête occipitale externe............
Ligne courbe inférieure............   } Occipital.
Trou occipital..................

Temporal. { Rainure digastrique............
          { Apophyse mastoïde............
          { Trou auditif externe............
          { Apophyse styloïde.............
          { Cavité glénoïde............
          { Rocher.................
          { Apophyse zygomatique,............
          { Orifice postérieur des fosses nasales....

Condyle....................
Surface jugulaire...............
Corps ou partie basilaire............
Apophyse ptérigoïde du Sphénoïde.
Arcade zygomatique.
Os palatin.

Dents. { Grosses molaires............
       { Petites molaires............
       { Canine...................
       { Incisives.................

Corps.................
Apophyse palatine.............   } Maxillaire supérieur.

FIG. 3. — PLAN INFÉRIEUR. (BASE DU CRANE.)

Dr Paul Richer del.

**Plan supérieur.**

Apophyse articulaire supérieure. .......... · - - Apophyse transverse.

Lame vertébrale. . . . . . . . . . . . . · - - Corps.

Apophyse épineuse. . . . . . . . . . . · - - Trou vertébral.

· - - Échancrure supérieure.

**Plan postérieur.**     **Plan latéral.**     **Plan antérieur.**

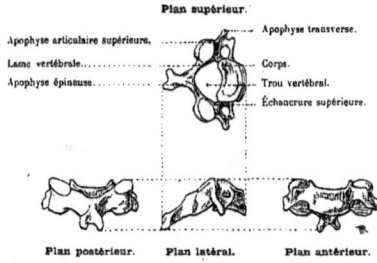

FIG. 1. — QUATRIÈME VERTÈBRE CERVICALE.

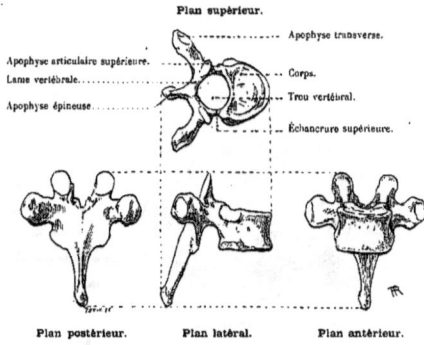

**Plan supérieur.**

Apophyse articulaire supérieure. ·- - - - - - Apophyse transverse.

Lame vertébrale. . . . . . . . . . . · - - Corps.

Apophyse épineuse. . . . . . . . · - - Trou vertébral.

· - - Échancrure supérieure.

**Plan postérieur.**     **Plan latéral.**     **Plan antérieur.**

FIG. 2. — SEPTIÈME VERTÈBRE DORSALE.

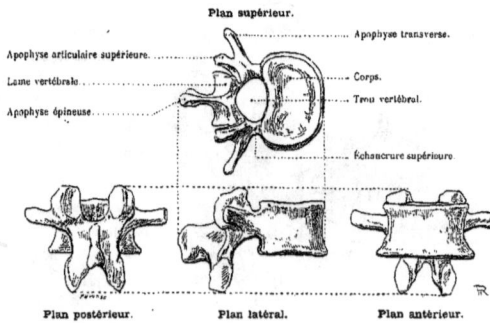

**Plan supérieur.**

Apophyse articulaire supérieure. . . . . . . . . . . · - - - - - Apophyse transverse.

Lame vertébrale . . . . . . . . . . . · - - Corps.

Apophyse épineuse. . . . . . . . . . . · - - Trou vertébral.

· - - Échancrure supérieure.

**Plan postérieur.**     **Plan latéral.**     **Plan antérieur.**

FIG. 3. — TROISIÈME VERTÈBRE LOMBAIRE.

*Dʳ Paul Richer del.*

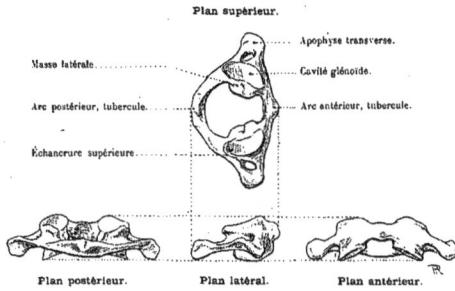

Plan supérieur.

Apophyse transverse.

Masse latérale

Cavité glénoïde.

Arc postérieur, tubercule.

Arc antérieur, tubercule.

Échancrure supérieure

Plan postérieur.          Plan latéral.          Plan antérieur.

FIG. 1. — PREMIÈRE VERTÈBRE CERVICALE OU ATLAS.

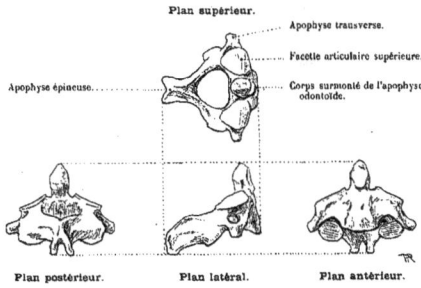

Plan supérieur.

Apophyse transverse.

Facette articulaire supérieure.

Apophyse épineuse

Corps surmonté de l'apophyse odontoïde.

Plan postérieur.          Plan latéral.          Plan antérieur.

FIG. 2. — DEUXIÈME VERTÈBRE CERVICALE OU AXIS.

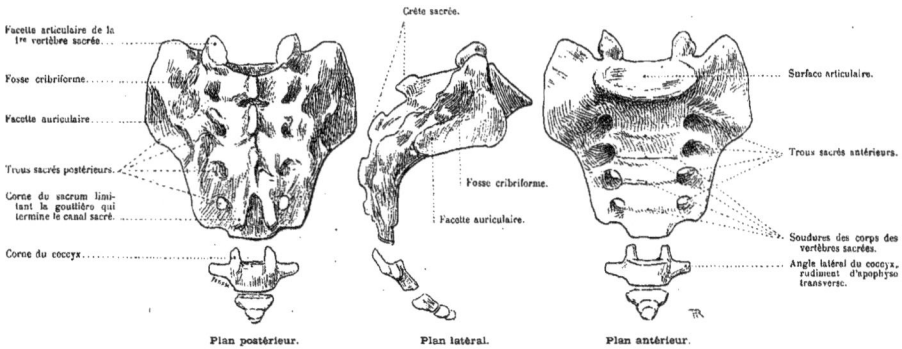

Crête sacrée.

Facette articulaire de la 1re vertèbre sacrée

Fosse cribriforme

Surface articulaire.

Facette auriculaire

Trous sacrés postérieurs

Trous sacrés antérieurs.

Corne du sacrum limitant la gouttière qui termine le canal sacré.

Fosse cribriforme.

Facette auriculaire.

Corne du coccyx

Soudures des corps des vertèbres sacrées.

Angle latéral du coccyx, rudiment d'apophyse transverse.

Plan postérieur.          Plan latéral.          Plan antérieur.

FIG. 3. — SACRUM ET COCCYX.

Dr Paul Richer del.

# COLONNE VERTÉBRALE

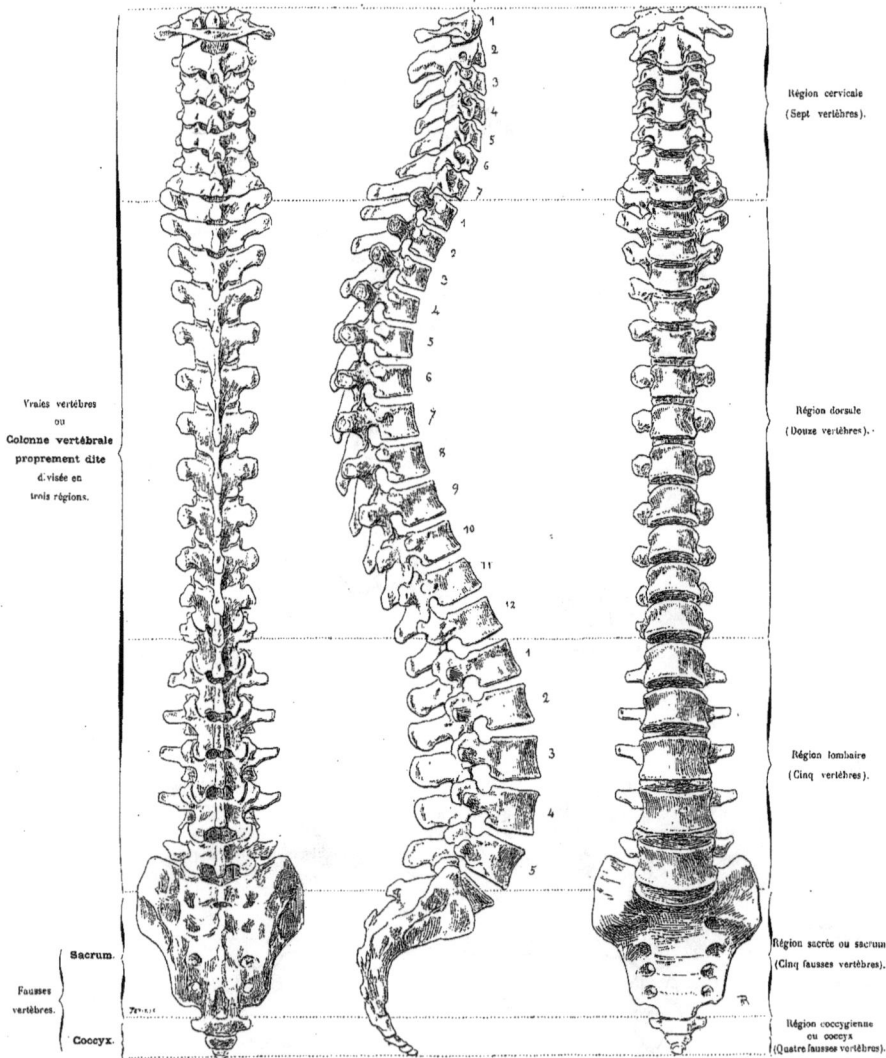

Vraies vertèbres
ou
**Colonne vertébrale
proprement dite**
d. visée en
trois régions.

Région cervicale
(Sept vertèbres).

Région dorsale
(Douze vertèbres).

Région lombaire
(Cinq vertèbres).

Sacrum.

Fausses
vertèbres.

Coccyx.

Région sacrée ou sacrum
(Cinq fausses vertèbres).

Région coccygienne
ou coccyx
(Quatre fausses vertèbres).

FIG. 1. — PLAN POSTÉRIEUR.    FIG. 2. — PLAN LATÉRAL.    FIG. 3. — PLAN ANTÉRIEUR.

Dr Paul Richer del.

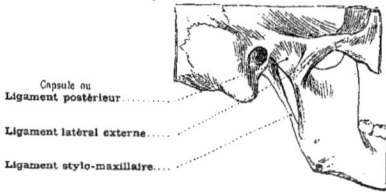

Capsule ou
Ligament postérieur.........

Ligament latéral externe.....

Ligament stylo-maxillaire....

FIG. 1. — ARTICULATION TEMPORO-MAXILLAIRE.
PLAN EXTERNE.

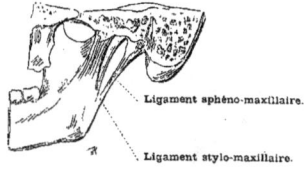

Ligament sphéno-maxillaire.

Ligament stylo-maxillaire.

FIG. 2. — ARTICULATION TEMPORO-MAXILLAIRE.
PLAN INTERNE.

Lig. vertébral
postérieur...

FIG. 6. — DÉTAIL DE L'ARTICULATION
DES VERTÈBRES ENTRE ELLES.
(Vue postérieure de la moitié antérieure
du canal vertébral.)

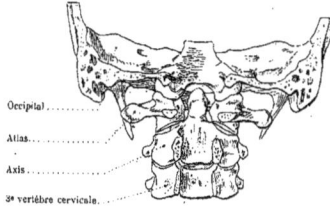

Occipital...........

Atlas................

Axis.................

3ᵉ vertèbre cervicale. ...

FIG. 3.

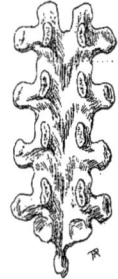

Ligament
jaune.

FIG. 7. — DÉTAIL DE L'ARTICULATION
DES VERTÈBRES ENTRE ELLES.
(Vue antérieure de la moitié postérieure
du canal vertébral.)

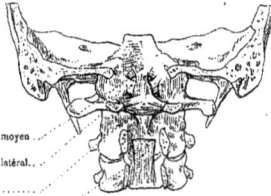

Ligaments odontoïdiens. { moyen
                         { latéral...

Ligament transverse..............

Ligament occipito-axoïdien sectionné...

FIG. 4.

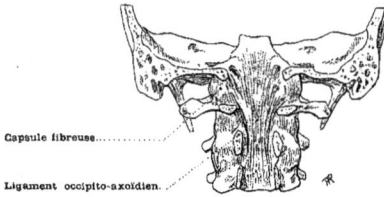

Capsule fibreuse.............

Ligament occipito-axoïdien. .

FIG. 5.

FIG. 3, 4 ET 5. — ARTICULATIONS DE L'OCCIPITAL, DE L'AXIS ET DE L'ATLAS.

(Vue postérieure. Le canal vertébral est ouvert par la section de la base du crâne et de l'arc postérieur des vertèbres.)

Dʳ Paul Richer del.

Ligament occipito-atloïdien
postérieur

Ligament atloïdo-axoïdien

Ligament de la nuque ou
cervical postérieur

Capsule fibreuse

Ligament surépineux

Ligament interépineux

Capsule fibreuse

Capsule fibreuse

Ligament postérieur fermant
le canal sacré

Ligament occipito-atloïdien
antérieur.

Ligament atloïdo-axoïdien.

Capsule fibreuse.

Grand ligament vertébral
antérieur à la région dorsale.

Disque intervertébral.

Grand ligament vertébral
antérieur à la région lombaire.

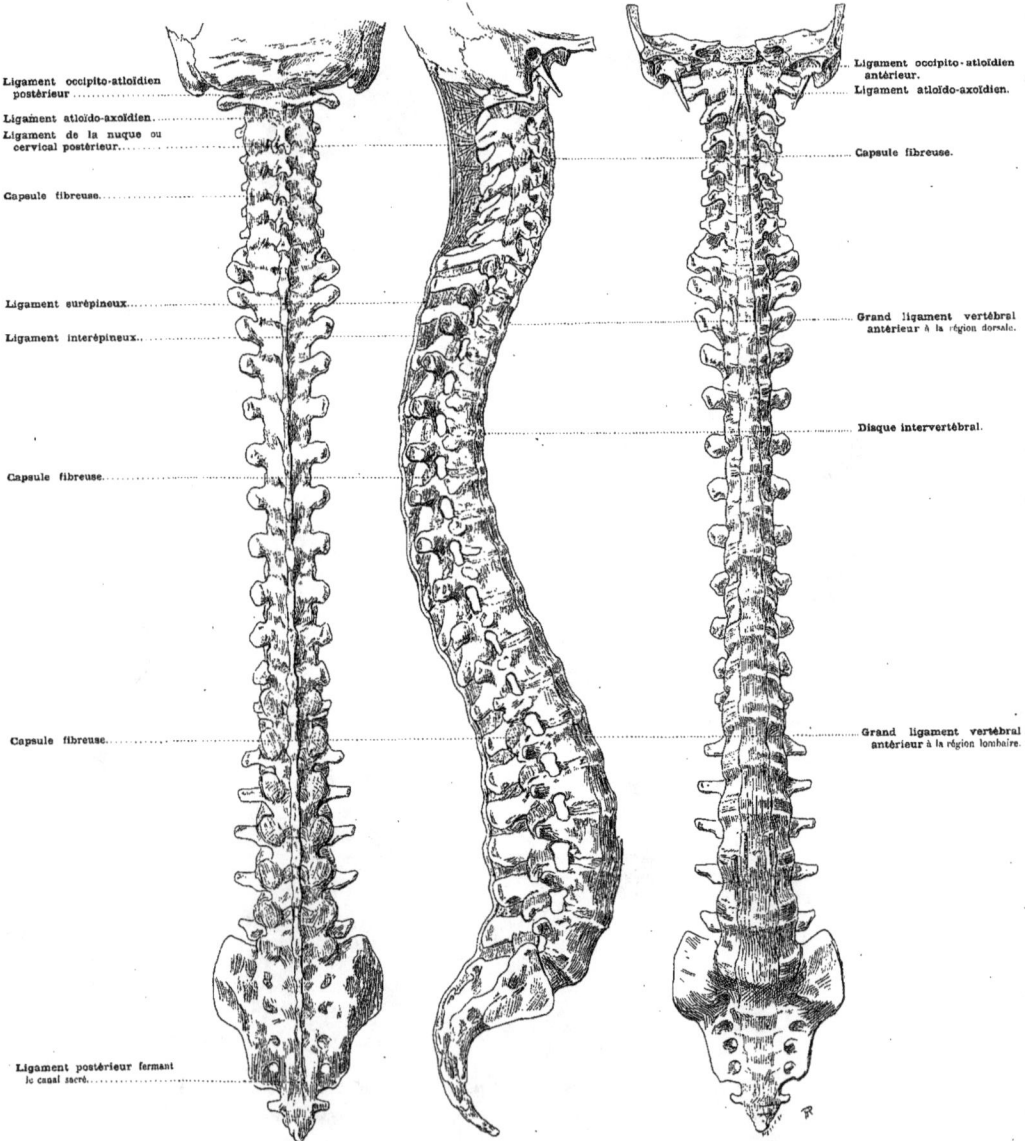

Fig. 1. — Plan postérieur.     Fig. 2. — Plan latéral.     Fig. 3. — Plan antérieur.

Dr Paul Richer del.

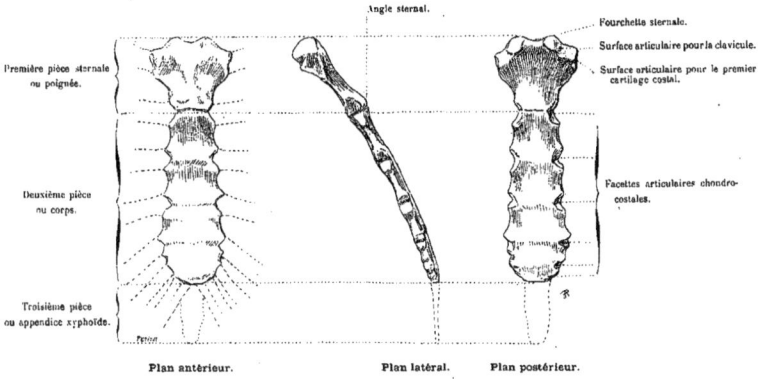

Angle sternal.

Première pièce sternale ou poignée.

Fourchette sternale.

Surface articulaire pour la clavicule.

Surface articulaire pour le premier cartilage costal.

Deuxième pièce ou corps.

Facettes articulaires chondro-costales.

Troisième pièce ou appendice xyphoïde.

Plan antérieur.     Plan latéral.     Plan postérieur.

FIG. 1. — STERNUM.

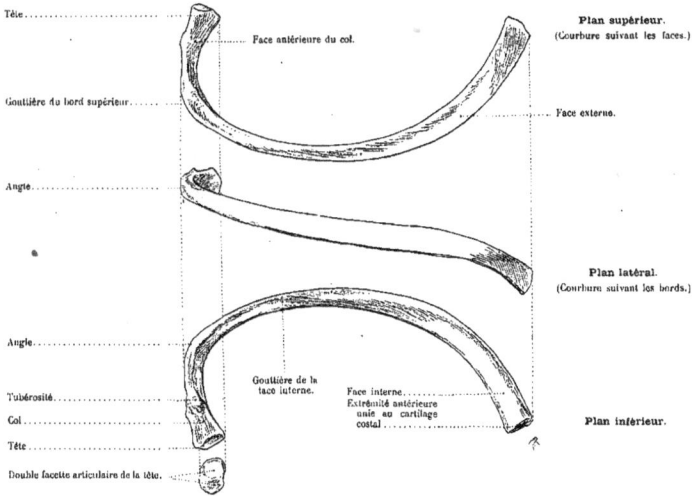

Tête

Face antérieure du col.

Plan supérieur.
(Courbure suivant les faces.)

Goutlière du bord supérieur

Face externe.

Angle

Plan latéral.
(Courbure suivant les bords.)

Angle

Goutlière de la face interne.

Tubérosité.

Face interne.
Extrémité antérieure unie au cartilage costal

Col

Plan inférieur.

Tête

Double facette articulaire de la tête.

FIG. 2. — SIXIÈME CÔTE.

Dr Paul Richer del.

# CAGE THORACIQUE

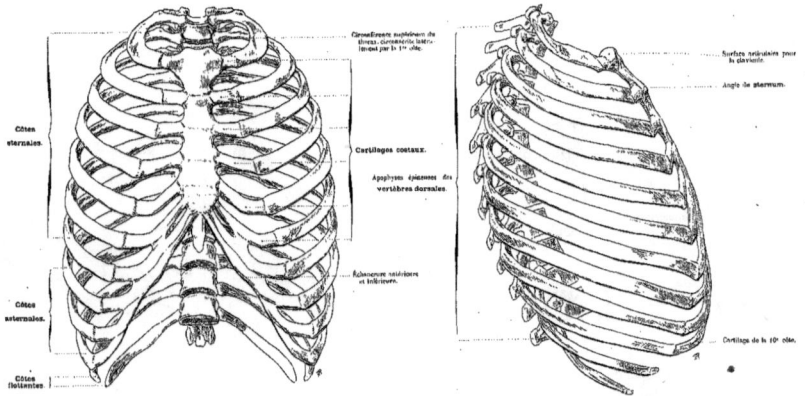

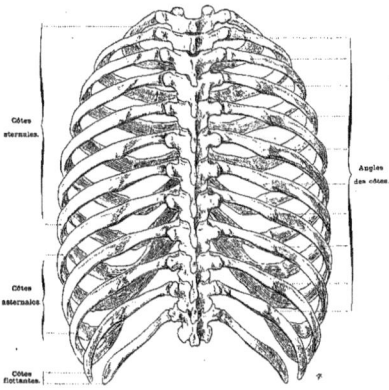

Côtes
sternales.

Angles
des côtes.

Côtes
asternales.

Côtes
flottantes.

Fig. 4. — Plan postérieur.

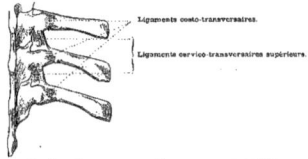

Ligaments costo-transversaires.

Ligaments cervico-transversaires supérieurs.

Fig. 2. — Articulations des côtes avec la colonne vertébrale.
Plan postérieur.

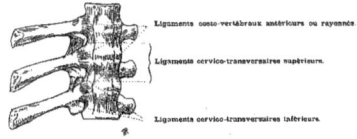

Ligaments costo-vertébraux antérieurs ou rayonnés.

Ligaments cervico-transversaires supérieurs.

Ligaments cervico-transversaires inférieurs.

Fig. 3. — Articulations des côtes avec la colonne vertébrale.
Plan antérieur.

Facette articulaire pour l'acromion.

**Plan supérieur.**

**Plan antérieur.**

Surface articulaire.

**Plan inférieur.**

Rugosités pour l'insertion
des ligaments coraco-claviculaires.

Gouttière
du sous-clavier.

Tubérosité.

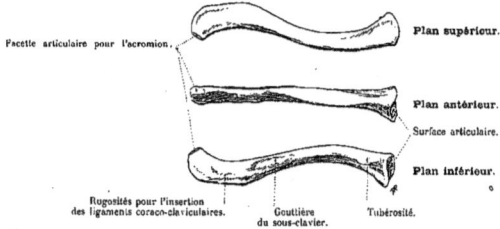

FIG. 1. — CLAVICULE.

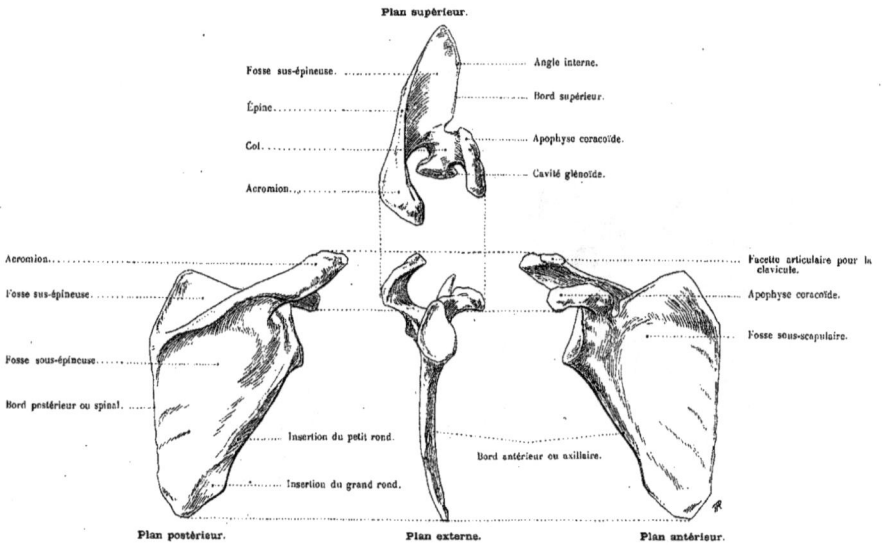

**Plan supérieur.**

Fosse sus-épineuse.

Angle interne.

Épine.

Bord supérieur.

Col.

Apophyse coracoïde.

Acromion.

Cavité glènoïde.

Acromion.

Facette articulaire pour la
clavicule.

Fosse sus-épineuse.

Apophyse coracoïde.

Fosse sous-scapulaire.

Fosse sous-épineuse.

Bord postérieur ou spinal.

Insertion du petit rond.

Bord antérieur ou axillaire.

Insertion du grand rond.

Plan postérieur.

Plan externe.

Plan antérieur.

FIG. 2. — OMOPLATE.

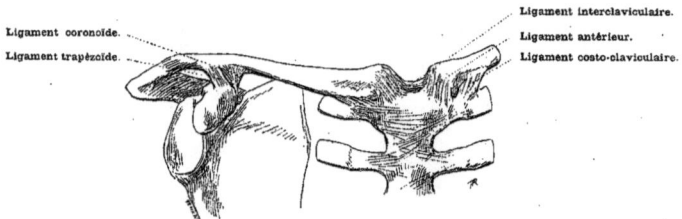

Ligament interclaviculaire.

Ligament coronoïde.

Ligament antérieur.

Ligament trapézoïde.

Ligament costo-claviculaire.

FIG. 3. — ARTICULATIONS DE LA CLAVICULE.

Dr Paul Richer del.

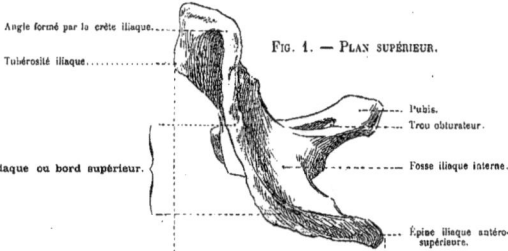

Fig. 1. — Plan supérieur.

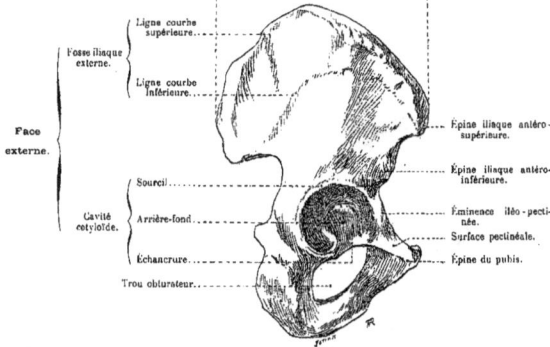

Angle formé par la crête iliaque.

Tubérosité iliaque.

Pubis.

Trou obturateur.

Fosse iliaque interne.

Crête iliaque ou bord supérieur.

Épine iliaque antéro-supérieure.

Ligne courbe supérieure.

Fosse iliaque externe.

Ligne courbe inférieure.

Face externe.

Sourcil.

Cavité cotyloïde.

Arrière-fond.

Échancrure.

Trou obturateur.

Épine iliaque antéro-supérieure.

Épine iliaque antéro-inférieure.

Éminence iléo-pectinée.

Surface pectinéale.

Épine du pubis.

Fig. 2. — Plan latéral externe.

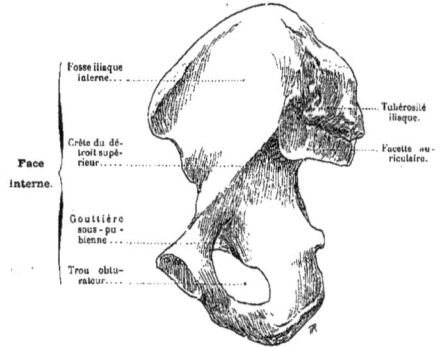

Fosse iliaque interne.

Crête du détroit supérieur.

Face interne.

Gouttière sous-pubienne.

Trou obturateur.

Tubérosité iliaque.

Facette auriculaire.

Fig. 3. — Plan latéral interne.

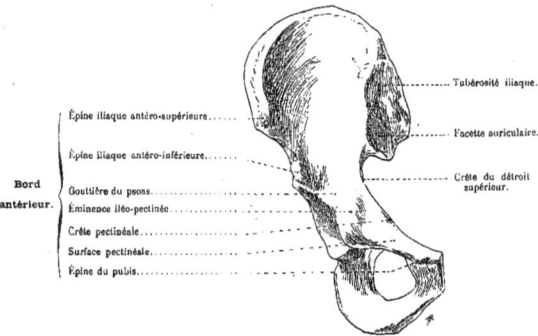

Tubérosité iliaque.

Épine iliaque antéro-supérieure.

Épine iliaque antéro-inférieure.

Bord antérieur.

Gouttière du psoas.

Éminence iléo-pectinée.

Crête pectinéale.

Surface pectinéale.

Épine du pubis.

Facette auriculaire.

Crête du détroit supérieur.

Fig. 4. — Plan antérieur.

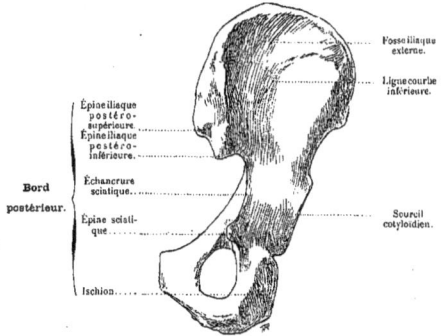

Épine iliaque postéro-supérieure.

Épine iliaque postéro-inférieure.

Bord postérieur.

Échancrure sciatique.

Épine sciatique.

Ischion.

Fosse iliaque externe.

Ligne courbe inférieure.

Sourcil cotyloïdien.

Fig. 5. — Plan postérieur.

Dr Paul Richer del.

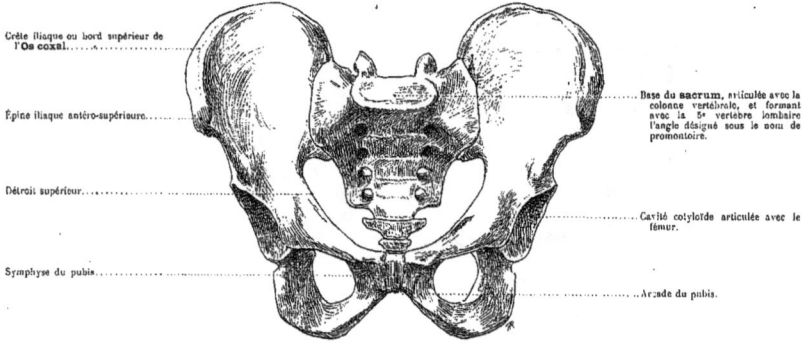

Crête iliaque ou bord supérieur de
l'**Os coxal**......

Épine iliaque antéro-supérieure......

Détroit supérieur......

Symphyse du pubis......

Base du **sacrum**, articulée avec la
colonne vertébrale, et formant
avec la 5ᵉ vertèbre lombaire
l'angle désigné sous le nom de
promontoire.

Cavité cotyloïde articulée avec le
fémur.

Arcade du pubis.

Fig. 1. — Plan antérieur.

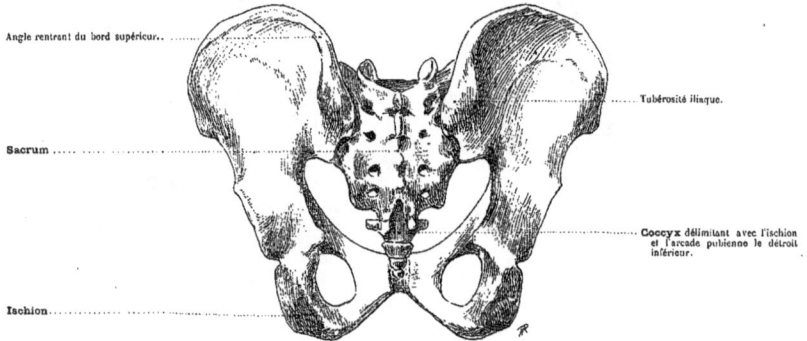

Angle rentrant du bord supérieur......

Sacrum......

Ischion......

Tubérosité iliaque.

**Coccyx** délimitant avec l'ischion
et l'arcade pubienne le détroit
inférieur.

Fig. 2. — Plan postérieur.

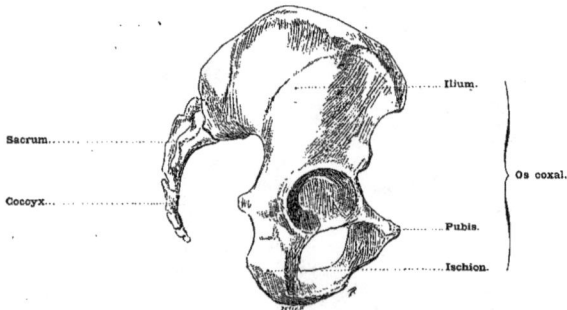

Sacrum......

Coccyx......

Ilium.

Os coxal.

Pubis.

Ischion.

Fig. 3. — Plan latéral.

Dr Paul Richer del.

Crête iliaque ou bord supérieur de l'Os coxal..........

Base du sacrum articulée avec la colonne vertébrale et formant avec la 5e vertèbre lombaire l'angle désigné sous le nom de promontoire.

Détroit supérieur..........

Cavité cotyloïde.

Pubis..........

Arcade du pubis.

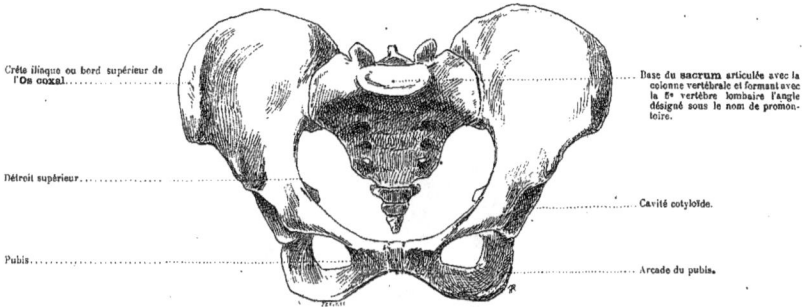

Fig. 1. — Plan antérieur.

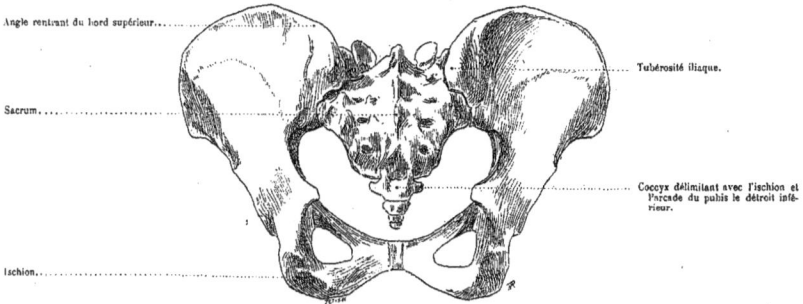

Angle rentrant du bord supérieur..........

Tubérosité iliaque.

Sacrum..........

Coccyx délimitant avec l'ischion et l'arcade du pubis le détroit inférieur.

Ischion..........

Fig. 2. — Plan postérieur.

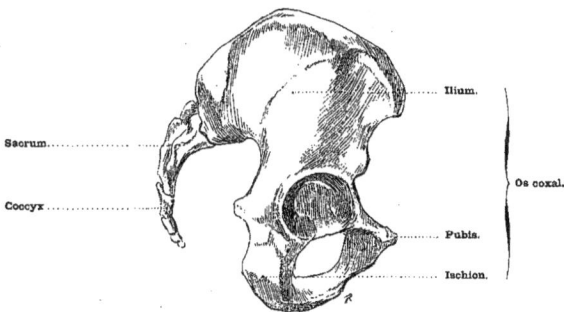

Ilium.

Sacrum..........

Os coxal.

Coccyx..........

Pubis.

Ischion.

Fig. 3. — Plan latéral.

Dr Paul Richer del.

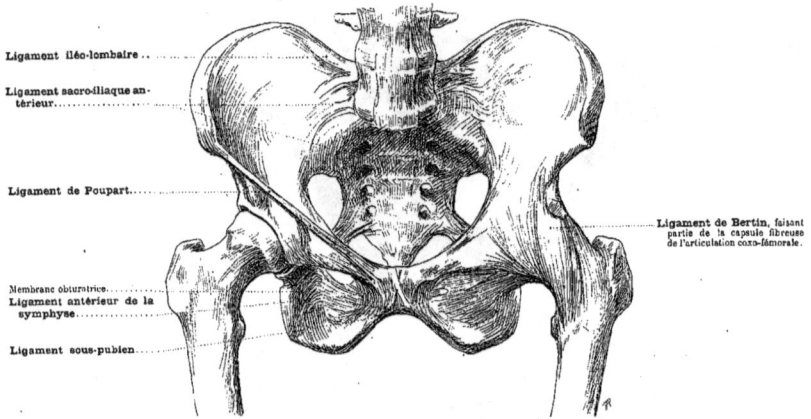

Ligament iléo-lombaire

Ligament sacro-iliaque antérieur

Ligament de Poupart

Membrane obturatrice
Ligament antérieur de la symphyse
Ligament sous-pubien

Ligament de Bertin, faisant partie de la capsule fibreuse de l'articulation coxo-fémorale.

Fig. 1. — Plan antérieur.

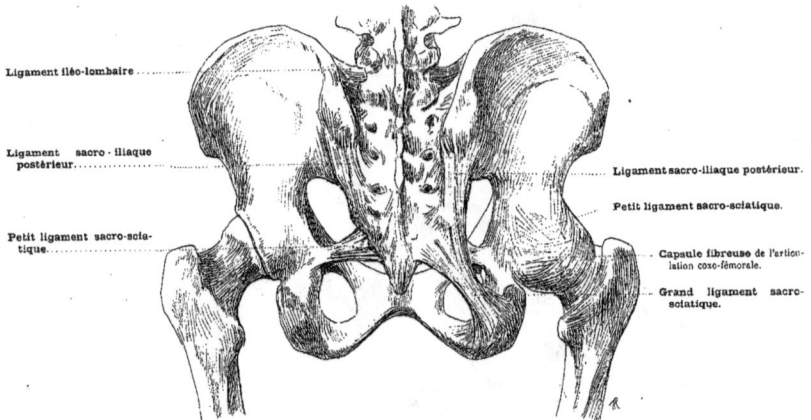

Ligament iléo-lombaire

Ligament sacro-iliaque postérieur

Petit ligament sacro-sciatique

Ligament sacro-iliaque postérieur.

Petit ligament sacro-sciatique.

Capsule fibreuse de l'articulation coxo-fémorale.

Grand ligament sacro-sciatique.

Fig. 2. — Plan postérieur.

Dr Paul Richer del.

Frontal.......................

Orbite..............................     Fosse temporale.

Os de la pommette...........     Fosses nasales.

Apophyse mastoïde...........     **Maxillaire supérieur.**

**Maxillaire inférieur.**...........

Colonne cervicale...........

    1ʳᵉ côte.

Clavicule...........     Acromion.

Omoplate...........     Cage thoracique.

Humérus. ...........

Colonne lombaire.

Os iliaque...........

Épine iliaque antéro-supérieure.

Sacrum...........

Fémur. ...........     Grand trochanter du fémur.

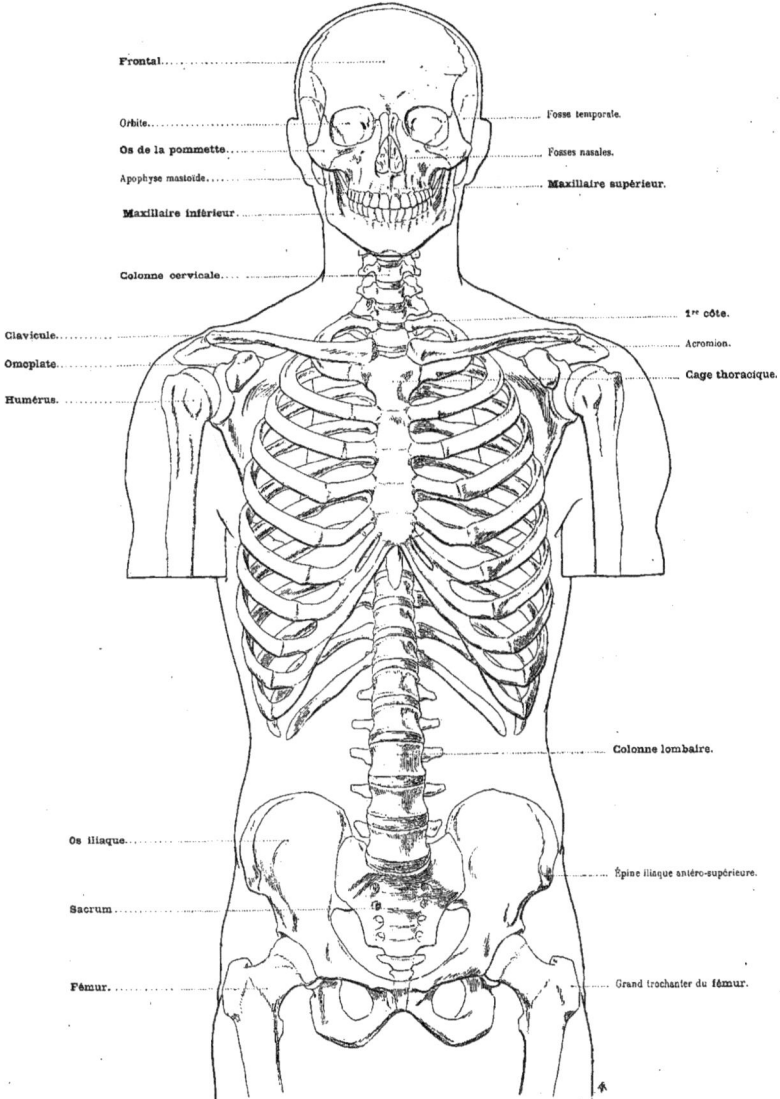

PLAN ANTÉRIEUR.

Dʳ Paul Richer del.

Pariétal.

Occipital.

Apophyse mastoïde.

Colonne cervicale.

Clavicule

Humérus

Omoplate.

Colonne dorsale.

Cage thoracique.

Colonne lombaire.

Os coxal.

Sacrum.

Fémur

Coccyx.

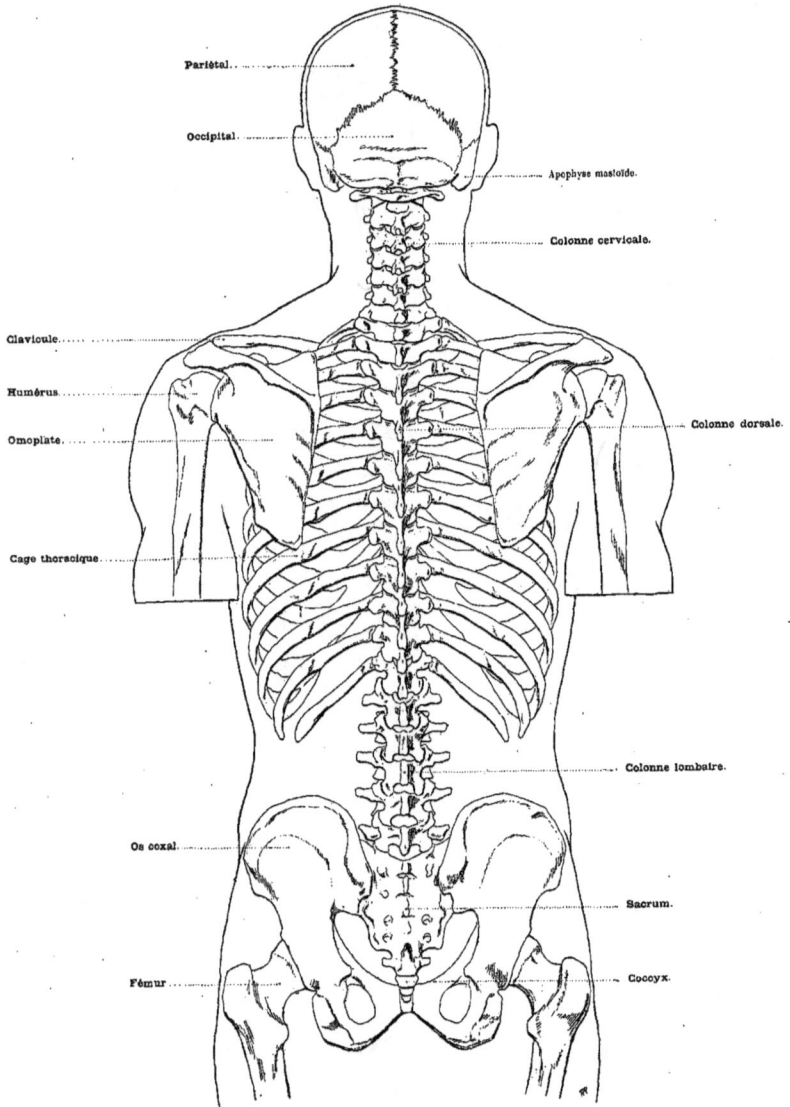

Plan postérieur.

*Dr Paul Richer del.*

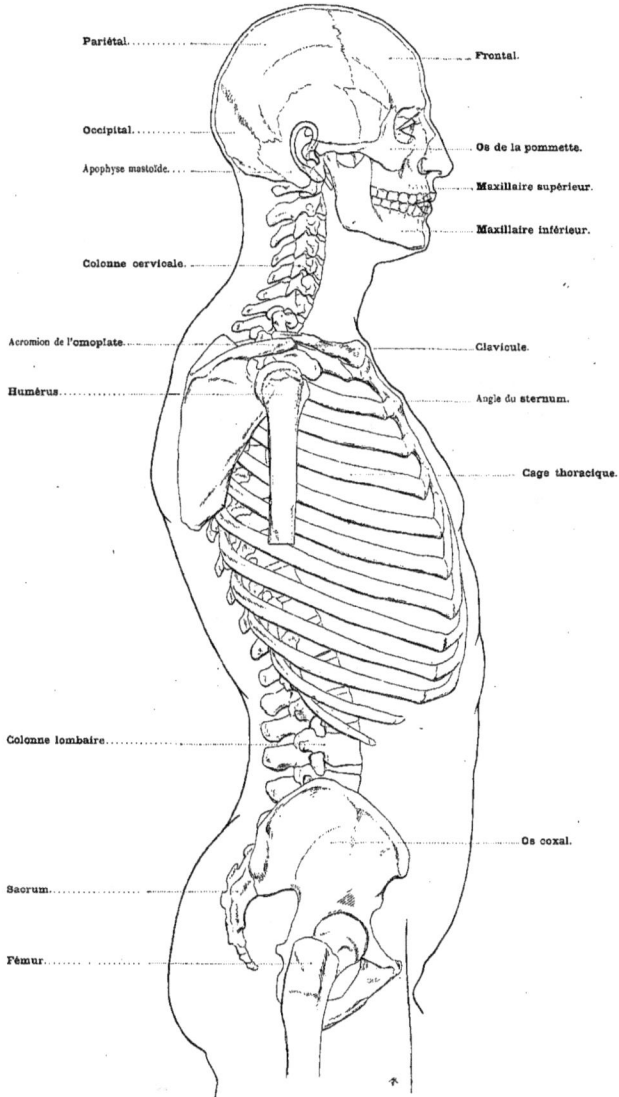

Pariétal..........

Frontal.

Occipital..........

Apophyse mastoïde....

Os de la pommette.

Maxillaire supérieur.

Maxillaire inférieur.

Colonne cervicale..........

Acromion de l'omoplate........

Clavicule.

Humérus..........

Angle du sternum.

Cage thoracique.

Colonne lombaire..........

Os coxal.

Sacrum..........

Fémur..........

PLAN LATÉRAL.

Dʳ Paul Richer del.

Col anatomique.

Grosse tubérosité.......

Petite tubérosité.......

Gouttière bicipitale.......

Grosse tubérosité.

Col chirurgical.

Section de l'os.

FIG. 1.

PLAN ANTÉRIEUR.

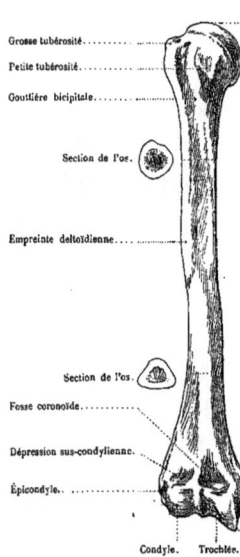

FIG. 2.

PLAN POSTÉRIEUR.

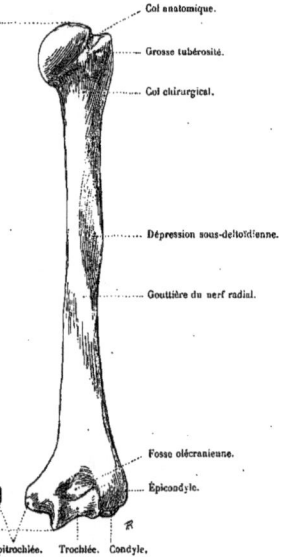

Empreinte deltoïdienne....

Dépression sous-deltoïdienne.

Gouttière du nerf radial.

Section de l'os.

Fosse coronoïde.........

Dépression sus-condylienne.

Épicondyle..........

Fosse olécranienne.

Épicondyle.

Condyle.     Trochlée.     Épitrochlée.     Trochlée.     Condyle.

Grosse tubérosité.

Petite tubérosité.

Tête de l'humérus.........

Bord antérieur....

Gouttière bicipitale.  {  Fond......

Bord postérieur.....

Empreinte deltoïdienne.

Dépression sous-deltoïdienne.

FIG. 3.

PLAN LATÉRAL INTERNE.

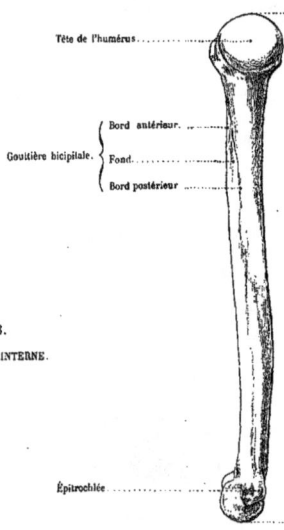

FIG. 4.

PLAN LATÉRAL EXTERNE.

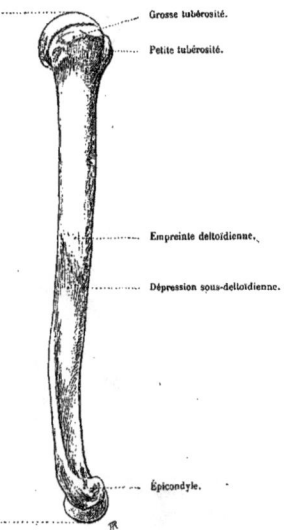

Épitrochlée.

Épicondyle.

Dr Paul Richer del.

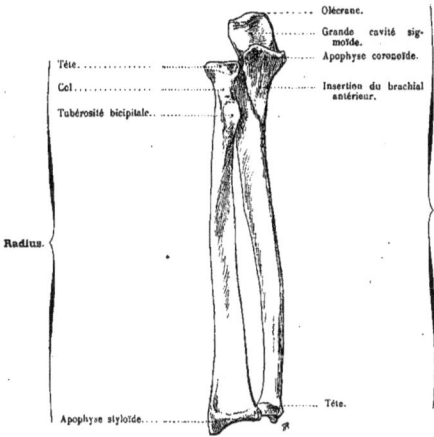

Olécrane.
Grande cavité sigmoïde.
Apophyse coronoïde.
Insertion du brachial antérieur.

Tête.
Col.
Tubérosité bicipitale.

Radius.

Apophyse styloïde.

Tête.

FIG. 1. — PLAN ANTÉRIEUR.

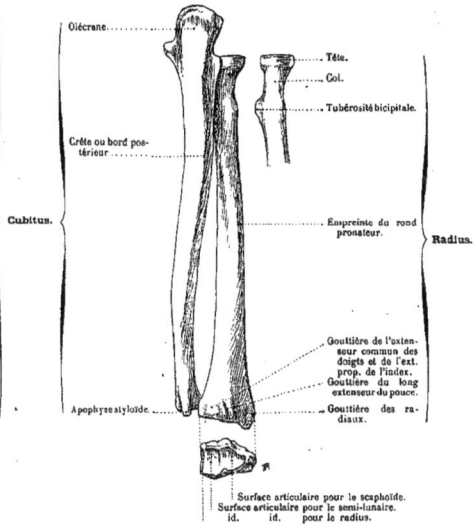

Olécrane.

Tête.
Col.
Tubérosité bicipitale.

Crête ou bord postérieur.

Empreinte du rond pronateur.

Cubitus.

Radius.

Gouttière de l'extenseur commun des doigts et de l'ext. prop. de l'index.
Gouttière du long extenseur du pouce.
Gouttière des radiaux.

Apophyse styloïde.

Surface articulaire pour le scaphoïde.
Surface articulaire pour le semi-lunaire.
id.      id.      pour le radius.

FIG. 2. — PLAN POSTÉRIEUR.

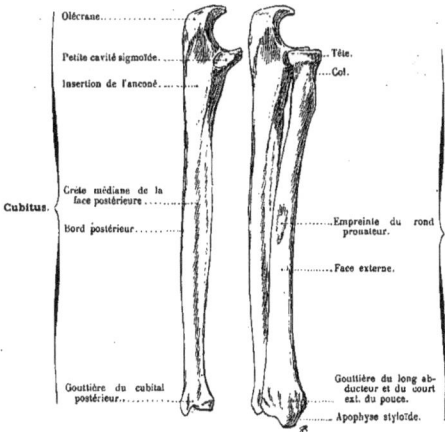

Olécrane.
Petite cavité sigmoïde.
Insertion de l'anconé.

Tête.
Col.

Crête médiane de la face postérieure.
Bord postérieur.

Cubitus.

Empreinte du rond pronateur.

Face externe.

Gouttière du cubital postérieur.

Gouttière du long abducteur et du court ext. du pouce.
Apophyse styloïde.

FIG. 3. — PLAN LATÉRAL EXTERNE.

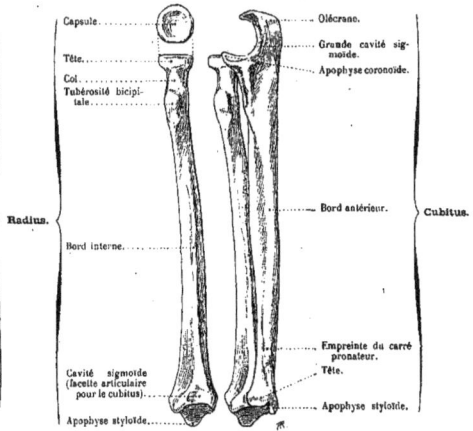

Capsule.

Olécrane.
Grande cavité sigmoïde.
Apophyse coronoïde.

Tête.
Col.
Tubérosité bicipitale.

Bord interne.

Radius.

Bord antérieur.

Cubitus.

Empreinte du carré pronateur.
Tête.

Cavité sigmoïde (facette articulaire pour le cubitus).

Apophyse styloïde.

Apophyse styloïde.

FIG. 4. — PLAN LATÉRAL INTERNE.

Trapèze. — Scaphoïde.

Semi-lunaire.

Pyramidal.

Pisiforme.

1ᵉʳ métacarpien.

5ᵉ métacarpien.

Gouttière du grand palmaire.

Apophyse unciforme.

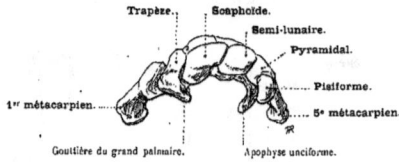

FIG. 1. — PLAN SUPÉRIEUR.

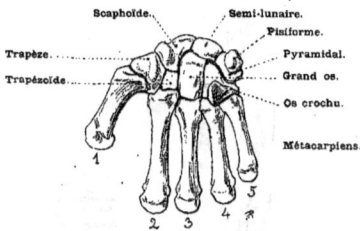

Scaphoïde.        Semi-lunaire.

Pisiforme.

Pyramidal.

Trapèze.

Grand os.

Trapézoïde.

Os crochu.

Métacarpiens.

1   5

2   3   4

FIG. 2. — PLAN ANTÉRIEUR.

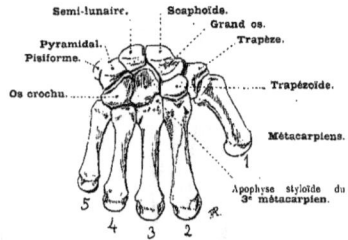

Semi-lunaire.        Scaphoïde.

Grand os.

Pyramidal.        Trapèze.

Pisiforme.

Os crochu.

Trapézoïde.

Métacarpiens.

1

Apophyse styloïde du
3ᵉ métacarpien.

5

4   3   2

FIG. 3. — PLAN POSTÉRIEUR.

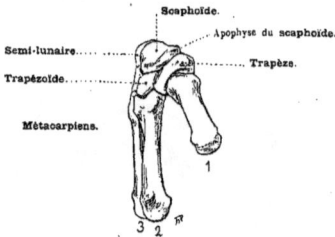

Scaphoïde.

Apophyse du scaphoïde.

Semi-lunaire.

Trapèze.

Trapézoïde.

Métacarpiens.

1

3   2

FIG. 4. — PLAN LATÉRAL EXTERNE.

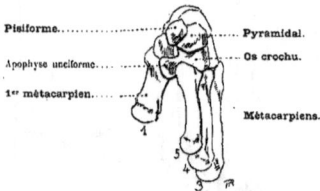

Facette articulaire unique de l'extrémité supérieure.

Phalange.

Facette articulaire en forme de
poulie de l'extrémité inférieure.

Facette articulaire divisée par une
crête médiane.

Lignes d'insertion du fléchisseur
sublime.

Phalangine.

Facette articulaire en forme de
poulie.

Pisiforme.        Pyramidal.

Apophyse unciforme.        Os crochu.

1ᵉʳ métacarpien.

Métacarpiens.

FIG. 5. — PLAN LATÉRAL INTERNE.

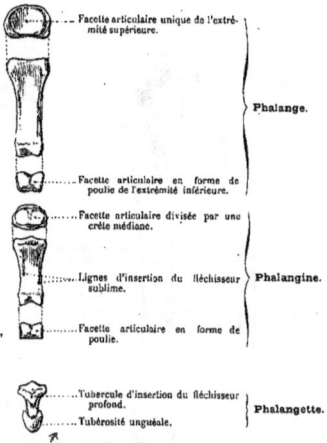

Tubercule d'insertion du fléchisseur
profond.

Tubérosité unguéale.

Phalangette.

FIG. 6. — SQUELETTE DU DOIGT. PLAN ANTÉRIEUR.

Dʳ Paul Richer del.

Ligament acro-
mio-coracoïdien.

Capsule fibreuse.

Tendon du biceps.

Tendon du triceps.

Ligament acromio-coracoïdien.

Tendon de la longue portion du biceps.

Bourrelet glénoïdien.

Ligament annulaire.

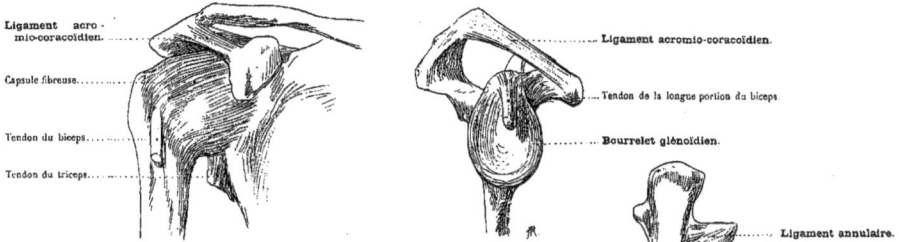

FIG. 1. — ARTICULATION SCAPULO-HUMÉRALE.

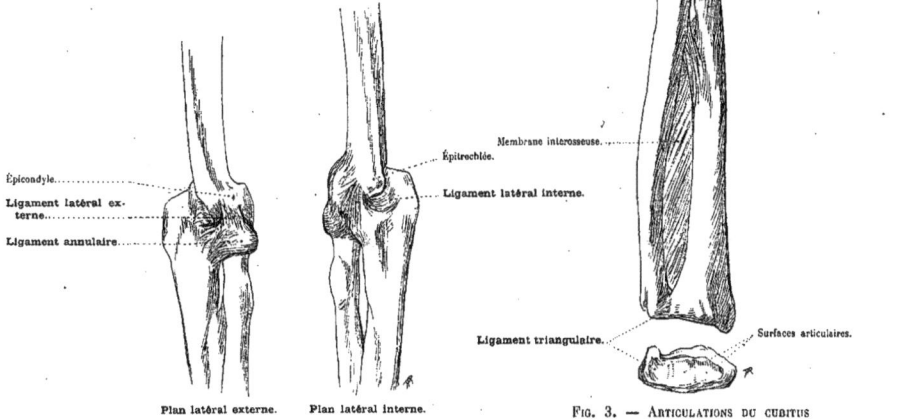

Membrane interosseuse.

Épitrochlée.

Épicondyle.

Ligament latéral ex-
terne.

Ligament annulaire.

Ligament latéral interne.

Plan latéral externe.      Plan latéral interne.

FIG. 2. — ARTICULATION DU COUDE.

Ligament triangulaire.

Surfaces articulaires.

FIG. 3. — ARTICULATIONS DU CUBITUS
ET DU RADIUS. (PLAN POSTÉRIEUR.)

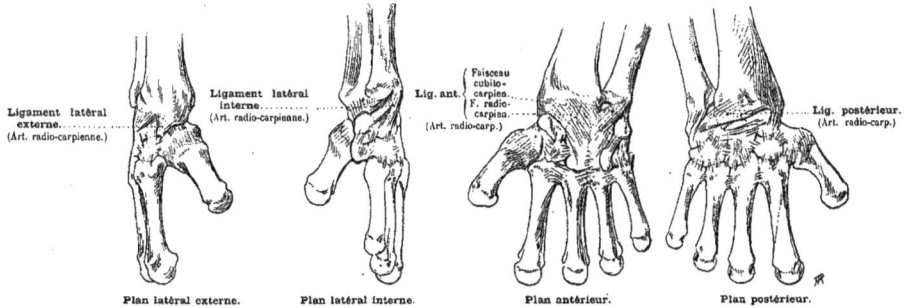

Ligament latéral
interne.
(Art. radio-carpienne.)

Lig. ant.

Faisceau
cubito-
carpien.
F. radio-
carpien.
(Art. radio-carp.)

Lig. postérieur.
(Art. radio-carp.)

Ligament latéral
externe.
(Art. radio-carpienne.)

Plan latéral externe.      Plan latéral interne.      Plan antérieur.      Plan postérieur.

FIG. 4. — ARTICULATIONS DU POIGNET.

Dr Paul Richer del.

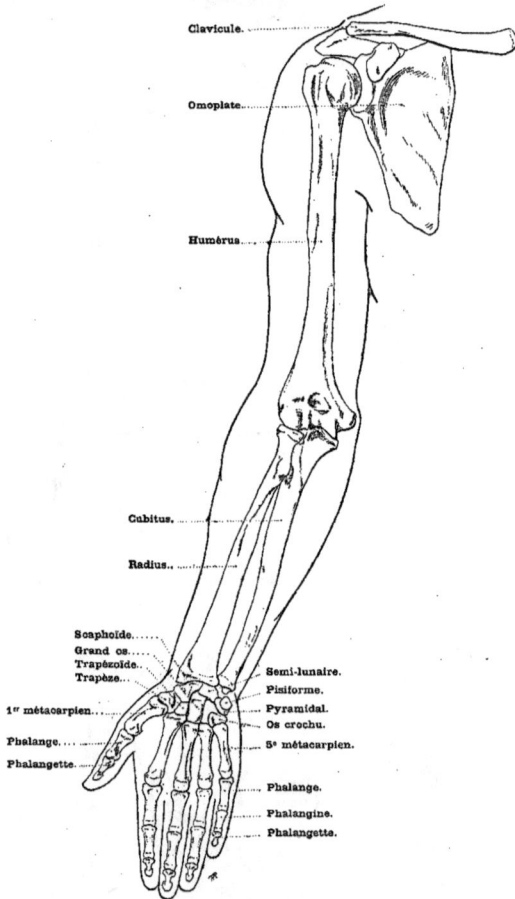

Clavicule.

Omoplate.

Humérus.

Cubitus.

Radius.

Scaphoïde.
Grand os.
Trapézoïde.
Trapèze.

Semi-lunaire.
Pisiforme.
1ᵉʳ métacarpien.
Pyramidal.
Os crochu.
Phalange.
5ᵉ métacarpien.
Phalangette.

Phalange.
Phalangine.
Phalangette.

PLAN ANTÉRIEUR.

*Dᵣ Paul Richer del.*

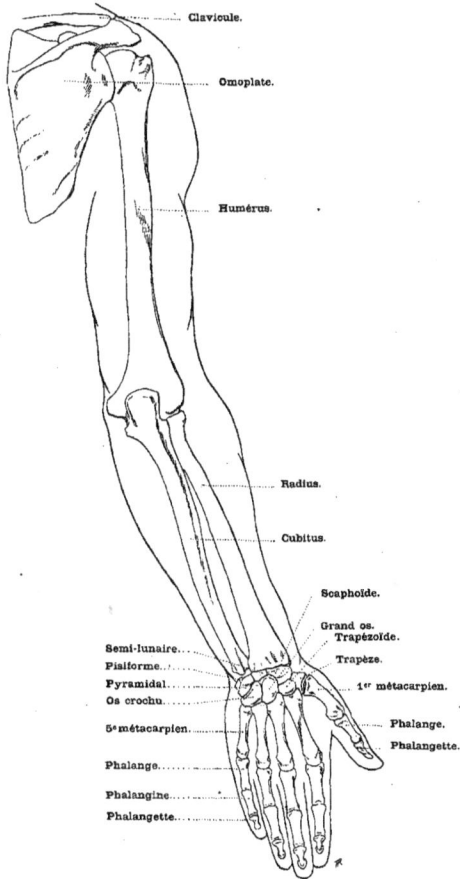

Clavicule.

Omoplate.

Humérus.

Radius.

Cubitus.

Scaphoïde.

Grand os.
Trapézoïde.

Semi-lunaire....
Trapèze.
Pisiforme...
Pyramidal....
1er métacarpien.
Os crochu....

5e métacarpien....
Phalange.
Phalangette.

Phalange....

Phalangine....
Phalangette....

Fig. 2. — Plan postérieur.

Clavicule.

Omoplate.

Humèrus.

Radius.

Cubitus.

Scaphoïde.

Semi-lunaire...

Grand os......

Trapèze.

Trapézoïde.....

1er métacarpien.

2e métacarpien.

Phalange.

Phalangette.

Phalange......

Phalangine......

Phalangette........

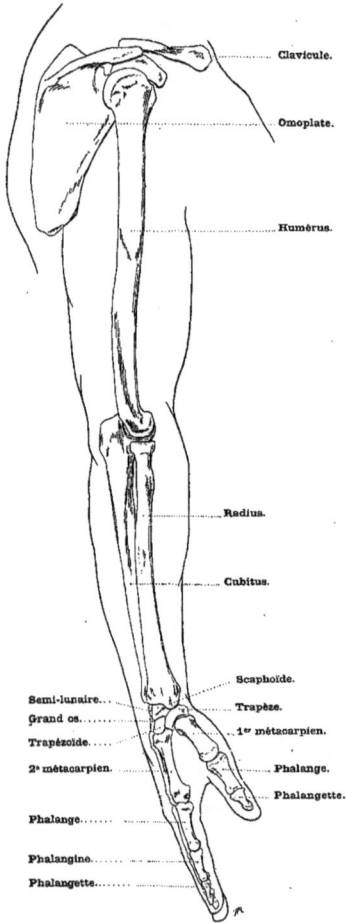

FIG. 1. — PLAN LATÉRAL EXTERNE.

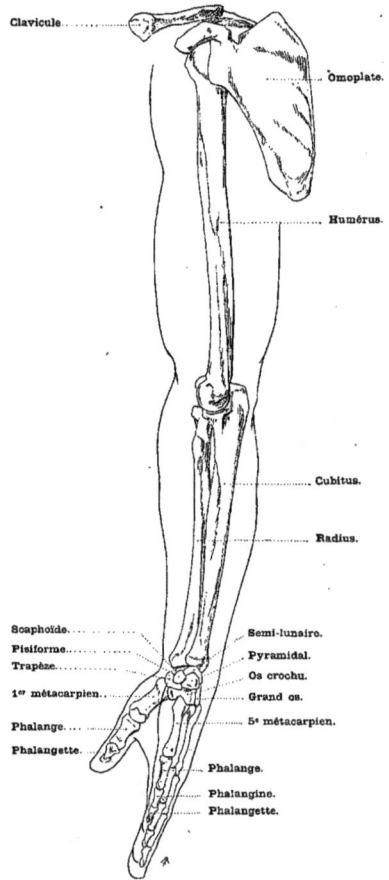

Clavicule....

Omoplate.

Humérus.

Cubitus.

Radius.

Scaphoïde....

Semi-lunaire..

Pisiforme......

Pyramidal.

Trapèze........

Os crochu.

1er métacarpien...

Grand os.

Phalange....

5e métacarpien.

Phalangette..

Phalange.

Phalangine.

Phalangette.

FIG. 2. — PLAN LATÉRAL INTERNE.

Dr Paul Richer del.

# SQUELETTE DE LA CUISSE. — FÉMUR

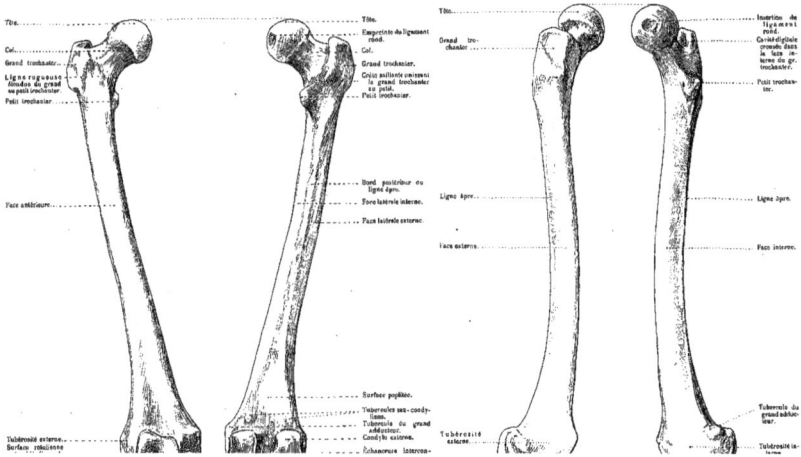

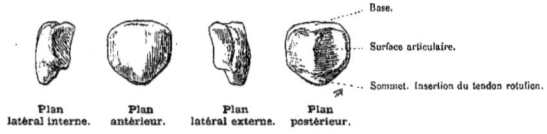

Base.

Surface articulaire.

Sommet. Insertion du tendon rotulien.

Plan
latéral interne.

Plan
antérieur.

Plan
latéral externe.

Plan
postérieur.

Fig. 1. — Rotule.

Cavités glé-
noïdes ou
condyles.

Épine inter-
condylienne.

Tubérosité in-
terne.

Tubérosité
antérieure.

Face externe.

Face interne.

Bord antérieur
ou crête.

Facette arti-
culaire.

Tête.

Face externe.

Face interne.

Péroné.

Malléole ex-
terne.

Malléole in-
terne.

Surface arti-
culaire pour
l'astragale.

Tibia.

Gouttière d'inser-
tion du tendon
réfléchi du demi-
membraneux.

Surface poplitée.

Ligne oblique.

Face postérieure.

Apophyse
styloïde.

Face posté-
rieure.

Face externe
devenue
postérieure.

Gouttière du tibial
postérieur.

Surface arti-
culaire.

Malléole ex-
terne.

Péroné.

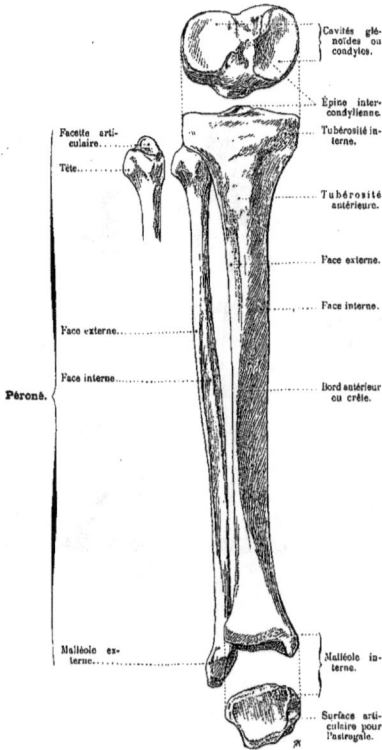

Fig. 2. — Plan antérieur.

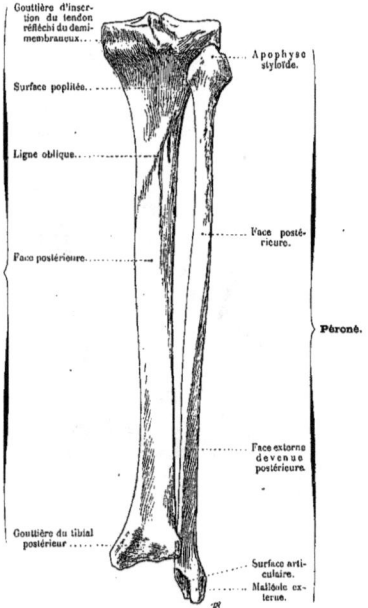

Fig. 3. — Plan postérieur.

Apophyse styloïde.

Face externe.

Péroné.

Malléole externe.

Tubérosité externe.

Facette articulaire.

Tubérosité antérieure.

Face externe.

Bord externe.

Face postérieure.

Tibia.

Surface articulaire pour le péroné.

Surface articulaire pour l'astragale.

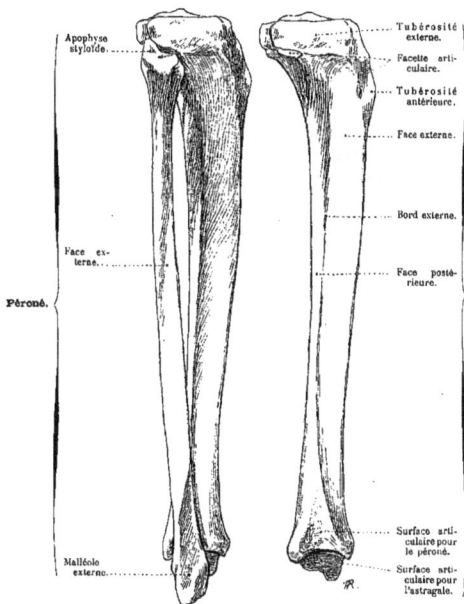

FIG. 1. — PLAN LATÉRAL EXTERNE.

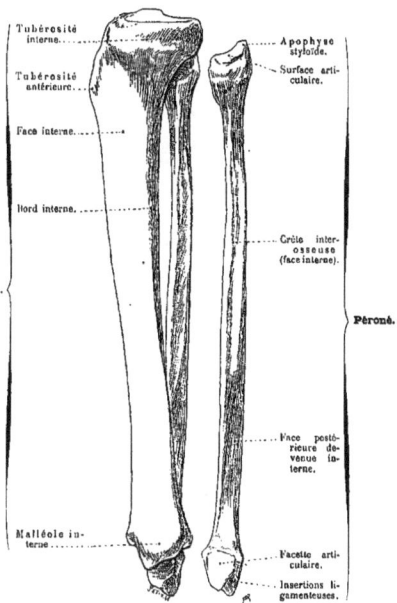

Tubérosité interne.

Tubérosité antérieure.

Face interne.

Bord interne.

Malléole interne.

Apophyse styloïde.

Surface articulaire.

Crête interosseuse (face interne).

Face postérieure devenue interne.

Facette articulaire.

Insertions ligamenteuses.

Péroné.

FIG. 2. — PLAN LATÉRAL INTERNE.

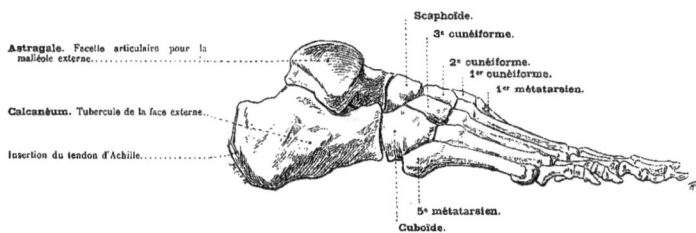

Astragale. Facette articulaire pour la malléole externe.

Calcanéum. Tubercule de la face externe.

Insertion du tendon d'Achille.

Scaphoïde.

3e cunéiforme.

2e cunéiforme.

1er cunéiforme.

1er métatarsien.

5e métatarsien.

Cuboïde.

FIG. 3. — SQUELETTE DU PIED (PLAN LATÉRAL EXTERNE).

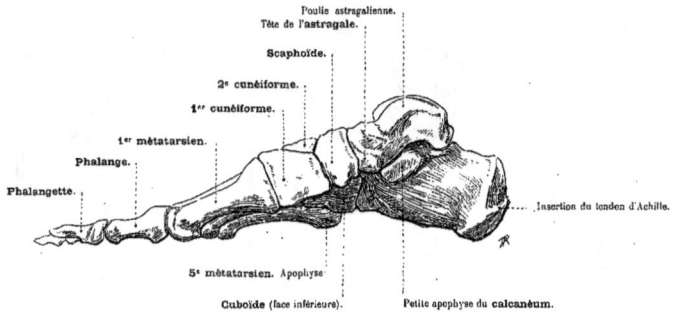

Fig. 1. — Plan latéral interne.

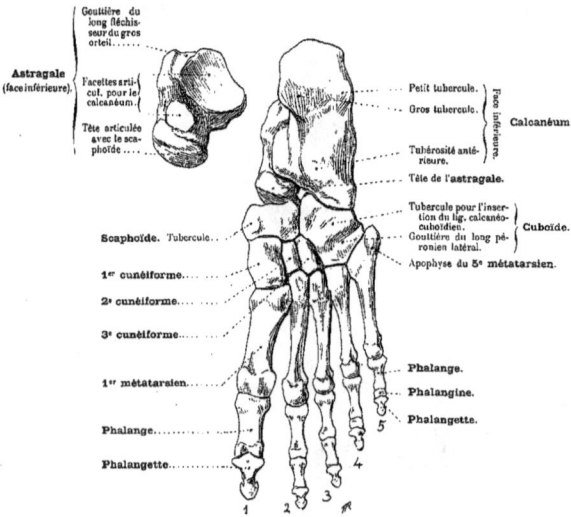

Fig. 2. — Plan inférieur.

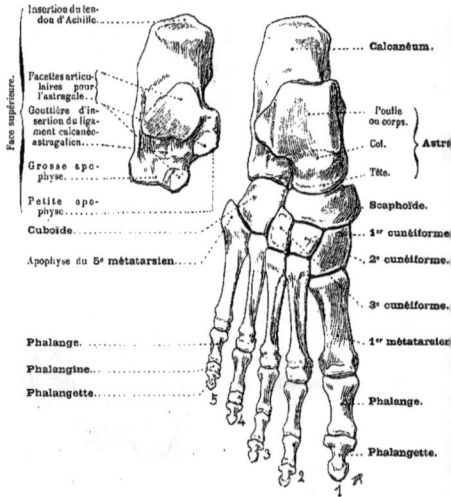

Fig. 3. — Plan supérieur.

Dr Paul Richer del.

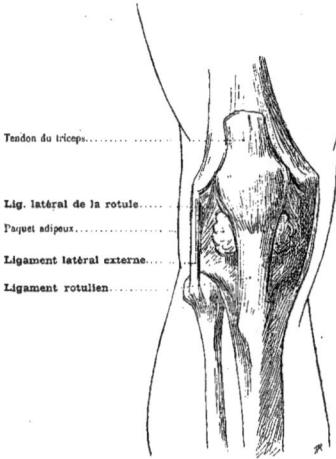

Tendon du triceps..............

Lig. latéral de la rotule.....
Paquet adipeux.................
Ligament latéral externe....
Ligament rotulien..........

FIG. 1. — PLAN ANTÉRIEUR.

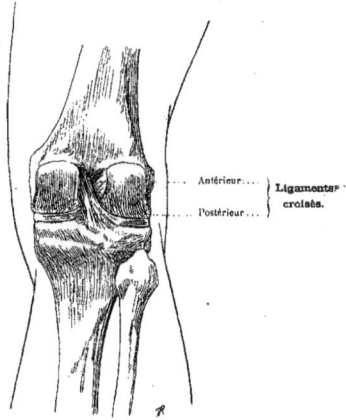

Antérieur...  } Ligaments
Postérieur... } croisés.

FIG. 2. — PLAN POSTÉRIEUR.

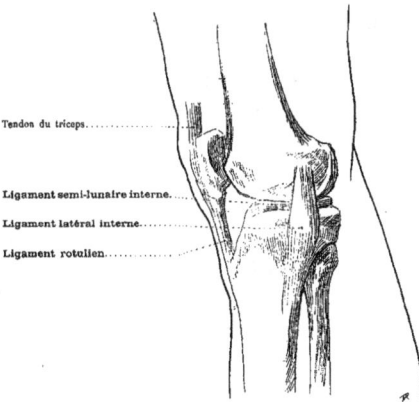

Tendon du triceps...............

Ligament semi-lunaire interne....
Ligament latéral interne.........
Ligament rotulien.............

FIG. 3. — PLAN LATÉRAL INTERNE.

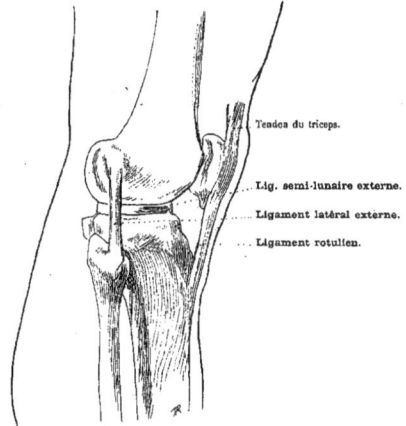

Tendon du triceps.

Lig. semi-lunaire externe.
Ligament latéral externe.
Ligament rotulien.

FIG. 4. — PLAN LATÉRAL EXTERNE.

Dr Paul Richer del.

## ARTICULATION DU COU-DE-PIED

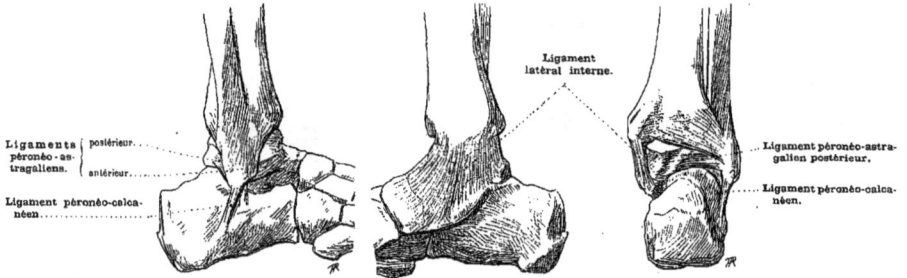

Ligament latéral interne.

Ligaments péronéo-astragaliens. { postérieur.. antérieur...

Ligament péronéo-calcanéen...

Ligament péronéo-astragalien postérieur.

Ligament péronéo-calcanéen.

FIG. 1. — PLAN LATÉRAL EXTERNE.   FIG. 2. — PLAN LATÉRAL INTERNE.   FIG. 3. — PLAN POSTÉRIEUR.

## ARTICULATIONS DU PIED

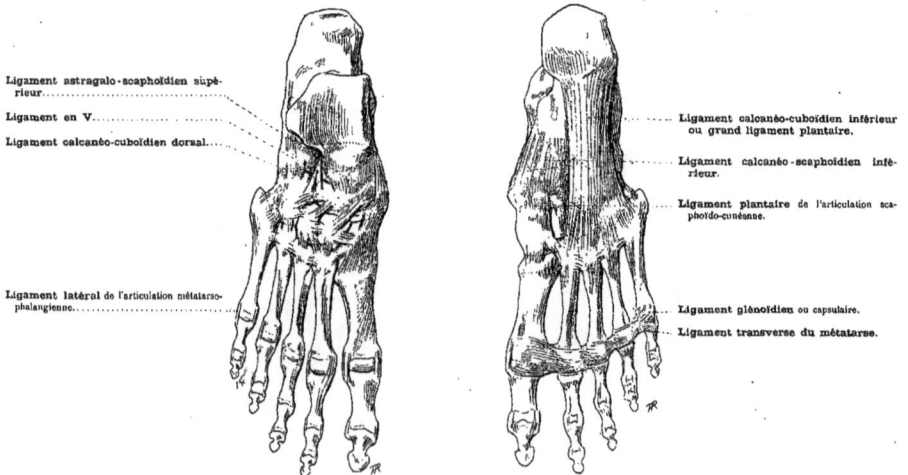

Ligament astragalo-scaphoïdien supérieur...

Ligament en V...

Ligament calcanéo-cuboïdien dorsal...

Ligament latéral de l'articulation métatarso-phalangienne...

Ligament calcanéo-cuboïdien inférieur ou grand ligament plantaire.

Ligament calcanéo-scaphoïdien inférieur.

Ligament plantaire de l'articulation scaphoïdo-cunéenne.

Ligament glénoïdien ou capsulaire.

Ligament transverse du métatarse.

FIG. 4. — PLAN SUPÉRIEUR.        FIG. 5. — PLAN INFÉRIEUR.

*Dʳ Paul Richer del.*

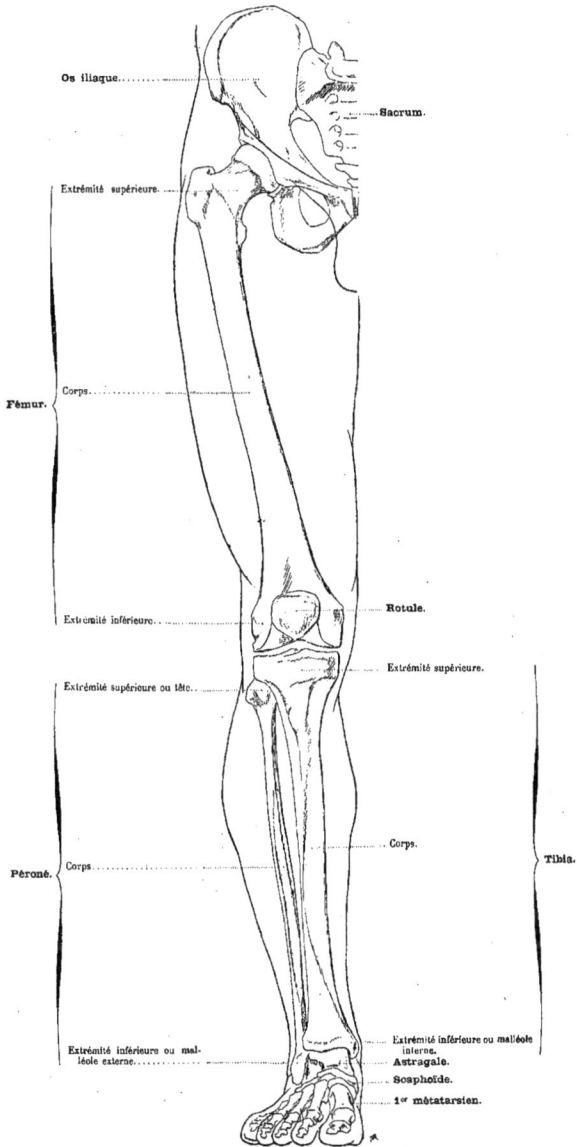

Os iliaque.........

Sacrum.

Extrémité supérieure...

Corps....

Fémur.

Rotule.

Extrémité inférieure...

Extrémité supérieure.

Extrémité supérieure ou tête...

Corps.

Corps....

Péroné.

Tibia.

Extrémité inférieure ou malléole interne.
Astragale.
Scaphoïde.
1er métatarsien.

Extrémité inférieure ou malléole externe..............

PLAN ANTÉRIEUR.

Dr Paul Richer del.

Sacrum.

Os iliaque.

Extrémité supérieure.

Corps.

Fémur.

Extrémité inférieure.

Extrémité supérieure........

Extrémité supérieure ou tête.

Corps.

Corps.

Tibia.

Péroné.

Extrémité inférieure.

Astragale.

Extrémité inférieure ou malléole externe.

Scaphoïde.

Cuboïde.

Calcanéum.

5e métatarsien.

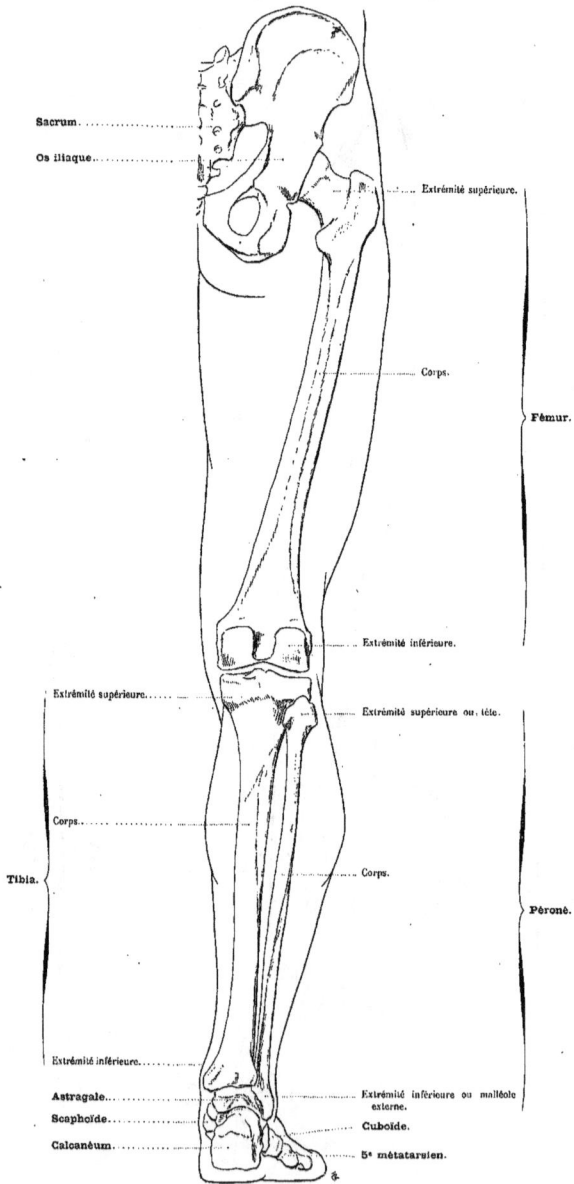

PLAN POSTÉRIEUR.

Dr Paul Richer del.

Os iliaque

Sacrum

Grand trochanter

Fémur

Rotule.

Tibia.

Péroné.

Scaphoïde.

2ᵉ cunéiforme.

3ᵉ cunéiforme.

1ᵉʳ cunéiforme.

1ᵉʳ métatarsien.

5ᵉ métatarsien.

Astragale

Calcanéum

Cuboïde

Dʳ Paul Richer del.

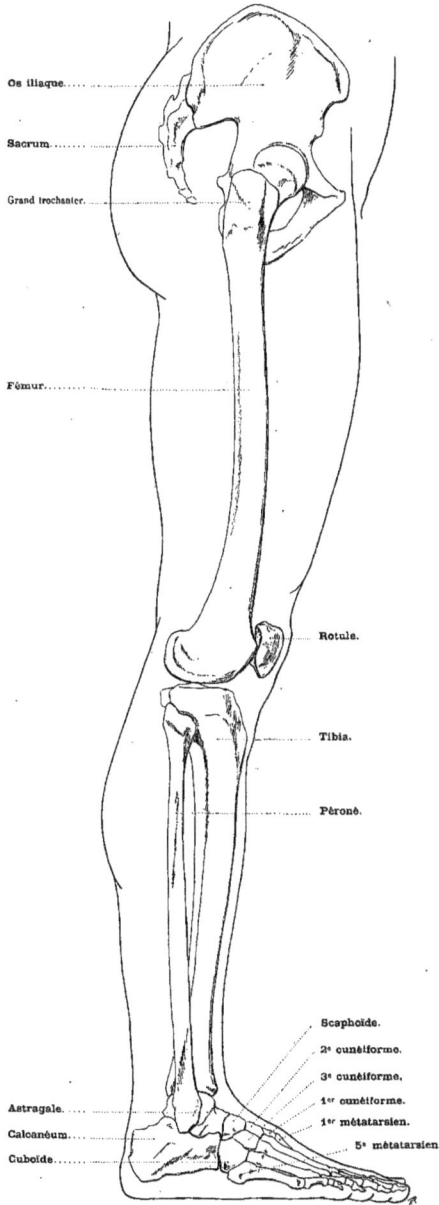

PLAN LATÉRAL EXTERNE.

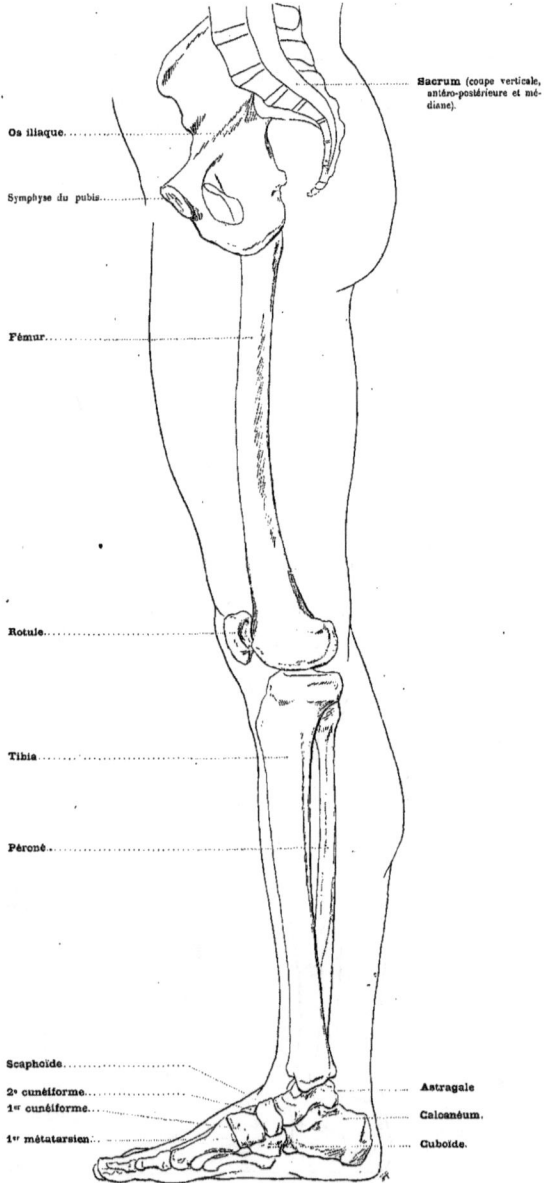

Os iliaque

Symphyse du pubis

Fémur

Rotule

Tibia

Péroné

Scaphoïde
2ᵉ cunéiforme
1ᵉʳ cunéiforme
1ᵉʳ métatarsien

Sacrum (coupe verticale, antéro-postérieure et médiane).

Astragale
Calcanéum.
Cuboïde.

PLAN LATÉRAL INTERNE.

Dr Paul Richer del.

Pl. 36.

# MYOLOGIE

Frontal.......

Aponévrose temporale.............

Orbiculaire des paupières........
Élévateur commun de l'aile du
  nez et de la lèvre supérieure..

Élévateur profond.........

Canin ...........

Petit zygomatique......

Grand zygomatique............

Masséter........

Buccinateur..........

Orbiculaire des lèvres.........

Triangulaire des lèvres........

Carré du menton...........

Sourcilier.

Temporal.

Pyramidal du nez.

Transverse du nez.

Élévateur profond.

Canin.

Buccinateur.

Carré du menton.

Houppe du menton.

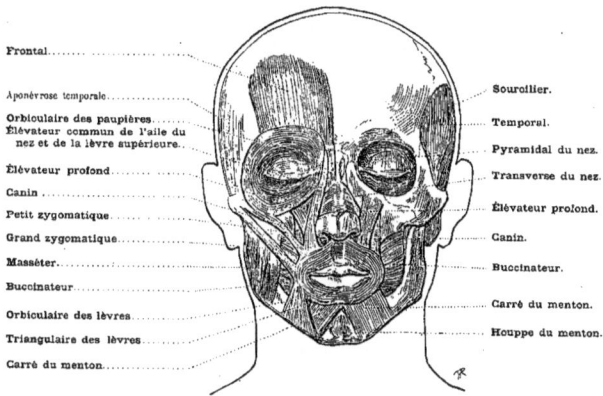

MUSCLES DE LA TÊTE.

Dr Paul Richer del.

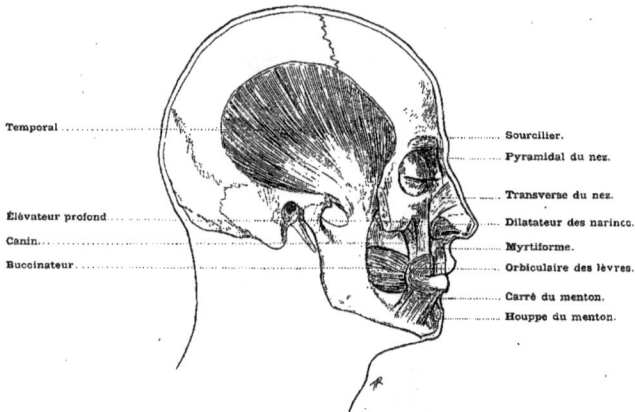

Temporal

Élévateur profond
Canin
Buccinateur

Sourcilier.
Pyramidal du nez.
Transverse du nez.
Dilatateur des narines.
Myrtiforme.
Orbiculaire des lèvres.
Carré du menton.
Houppe du menton.

Fig. 1. — Couche profonde.

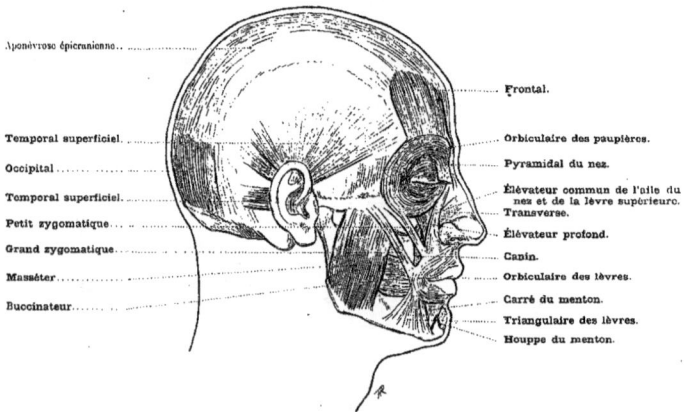

Aponévrose épicranienne

Temporal superficiel
Occipital
Temporal superficiel
Petit zygomatique
Grand zygomatique
Masséter
Buccinateur

Frontal.
Orbiculaire des paupières.
Pyramidal du nez.
Élévateur commun de l'aile du nez et de la lèvre supérieure.
Transverse.
Élévateur profond.
Canin.
Orbiculaire des lèvres.
Carré du menton.
Triangulaire des lèvres.
Houppe du menton.

Fig. 2. — Couche superficielle.

Dr Paul Richer del.

Plan latéral.  Plan postérieur.

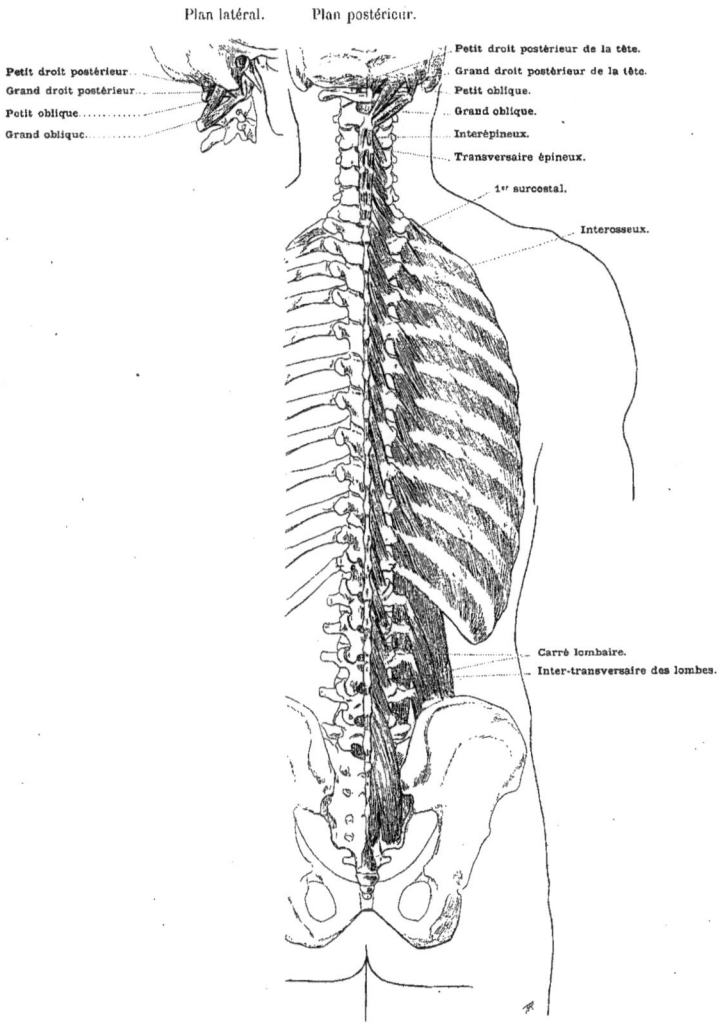

Petit droit postérieur de la tête.
Petit droit postérieur
Grand droit postérieur de la tête.
Grand droit postérieur
Petit oblique.
Petit oblique
Grand oblique.
Grand oblique
Interépineux.

Transversaire épineux.

1er surcostal.

Interosseux.

Carré lombaire.
Inter-transversaire des lombes.

Couche profonde.

Grand complexus
Petit complexus

Grand complexus.
Petit complexus.

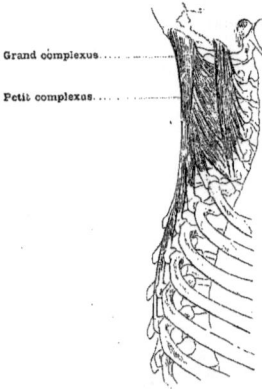

Fig. 1. — GRAND ET PETIT COMPLEXUS (Plan latéral).

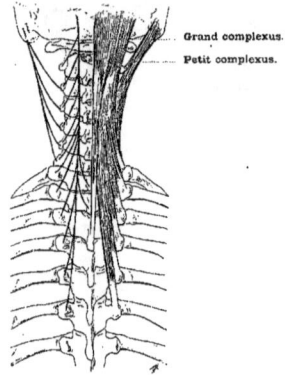

Fig. 2. — GRAND ET PETIT COMPLEXUS (Plan postérieur).

Sur le côté gauche, les traits de force schématisent les insertions musculaires.)

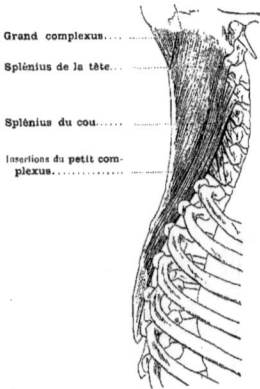

Grand complexus
Splénius de la tête
Splénius du cou
Insertions du petit complexus

Grand complexus.
Splénius de la tête.
Splénius du cou.
Insertions inférieures du grand complexus.

Fig. 3. — SPLÉNIUS (Plan latéral).

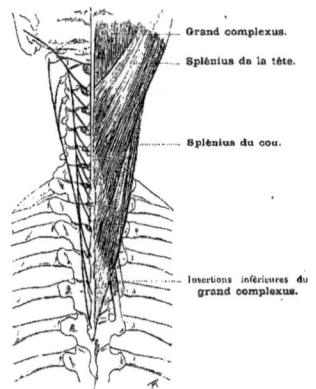

Fig. 4. — SPLÉNIUS (Plan postérieur).

( Sur le côté gauche, les traits de force schématisent les insertions musculaires. )

Dr Paul Richer del.

Transversaire du cou....  
Cervical descendant.  

Long dorsal.  

Sacro-lombaire.  

Interépineux.  

Masse commune.  

Transversaire du cou.  
Cervical descendant.  

Long dorsal.  

Sacro-lombaire.  

Interépineux.  

Sacro-lombaire.  

Masse commune.  
Carré lombaire.  

Insertions à l'angle rentrant de la crête iliaque.  

Tubérosité iliaque.  

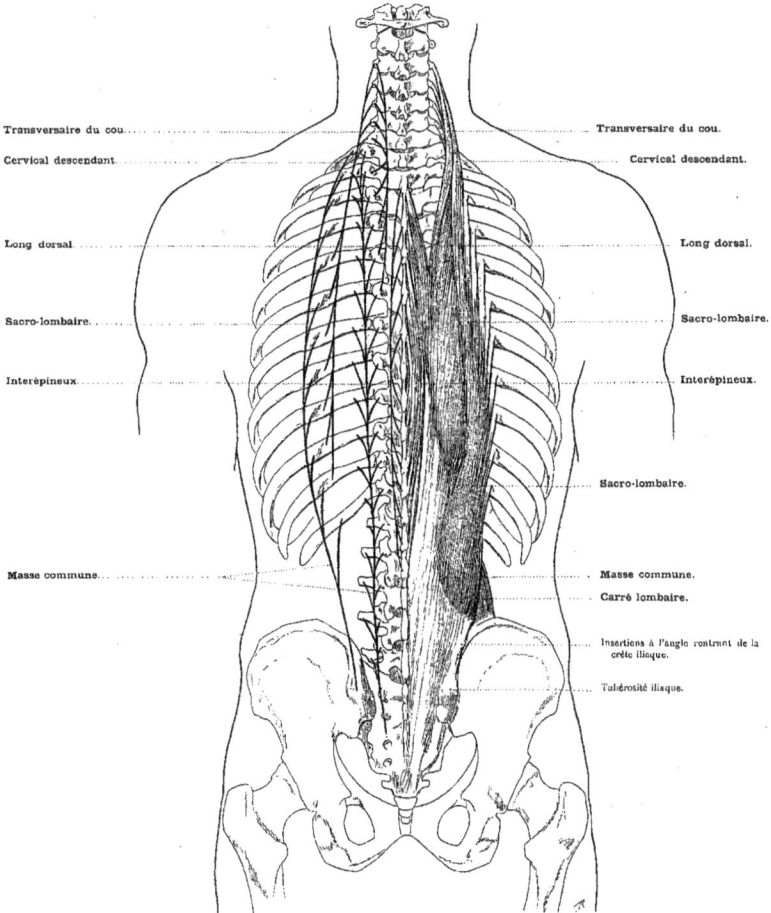

MUSCLES SPINAUX.

(Sur le côté gauche de la figure, les traits de force résument les insertions musculaires.)

Dr Paul Richer del.

Grand complexus.

Splénius de la tête.

Splénius du cou.

Transversaire du cou.

Cervical descendant.

Petit dentelé supérieur.

7ᵉ vertèbre cervicale

Long dorsal.

Sacro-lombaire.

Interépineux.

Petit dentelé inférieur.

12ᵉ vertèbre dorsale

Masse commune.

5ᵉ vertèbre lombaire

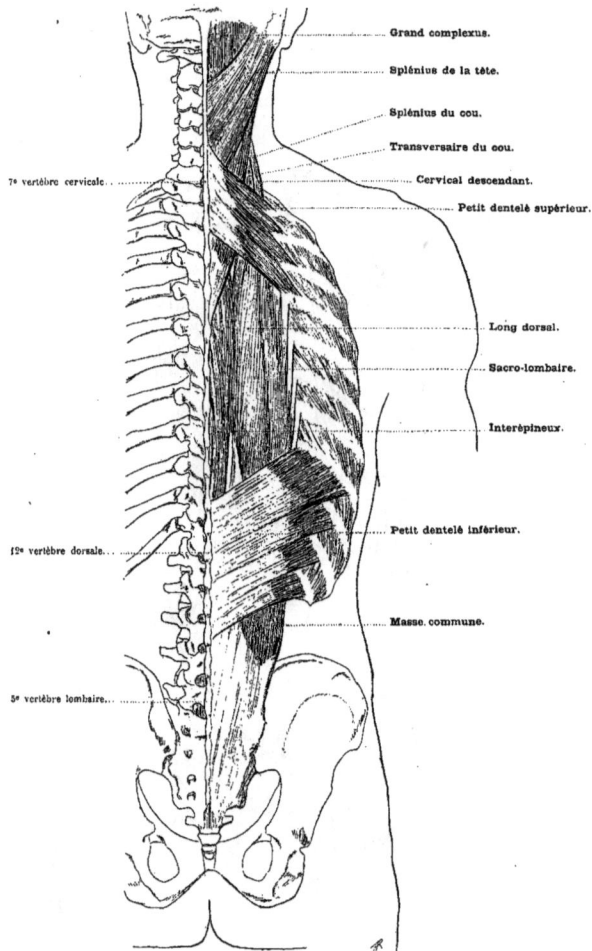

PETITS DENTELÉS.

Dʳ Paul Richer del.

Angulaire de l'omoplate

Rhomboïde

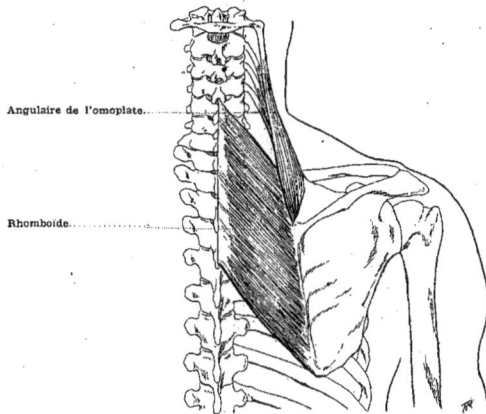

FIG. 1. — RHOMBOÏDE ET ANGULAIRE DE L'OMOPLATE.

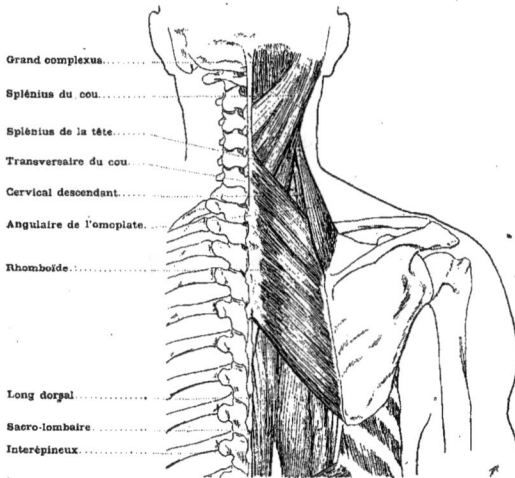

Grand complexus

Splénius du cou

Splénius de la tête

Transversaire du cou

Cervical descendant

Angulaire de l'omoplate

Rhomboïde

Long dorsal

Sacro-lombaire

Interépineux

FIG. 2. — RHOMBOÏDE ET ANGULAIRE DE L'OMOPLATE AVEC LES MUSCLES SOUS-JACENTS.

Dr Paul Richer del.

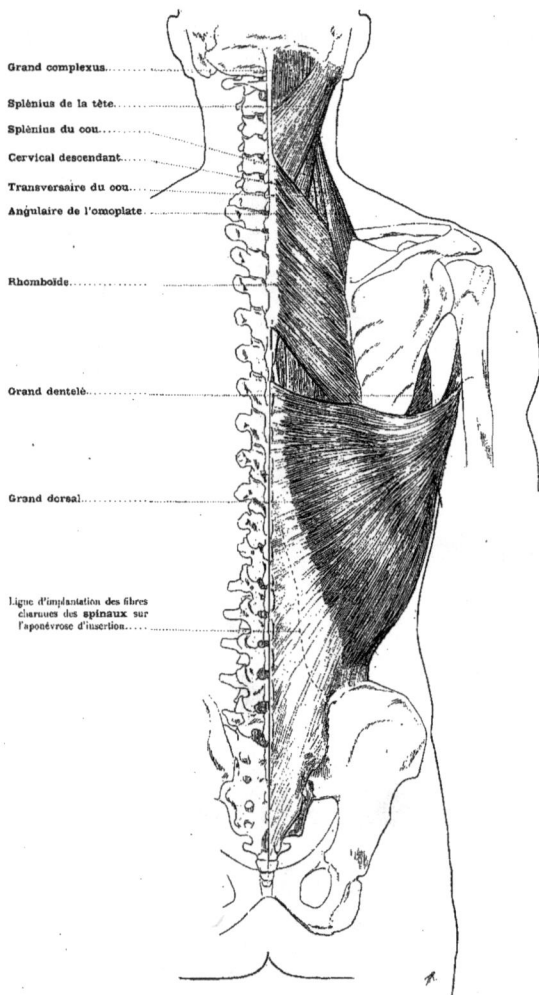

Grand complexus

Splénius de la tête

Splénius du cou

Cervical descendant

Transversaire du cou

Angulaire de l'omoplate

Rhomboïde

Grand dentelé

Grand dorsal

Ligne d'implantation des fibres
charnues des spinaux sur
l'aponévrose d'insertion

GRAND DORSAL.

*Dr Paul Richer del.*

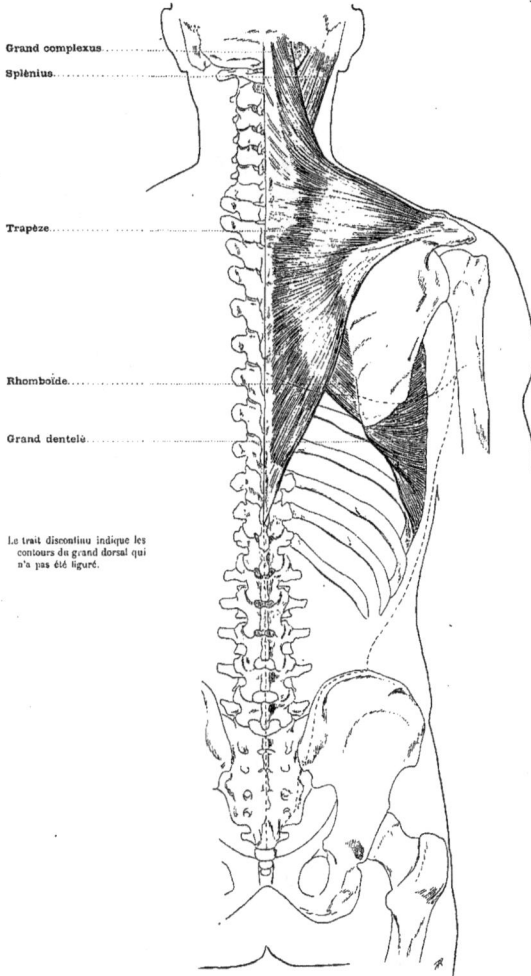

Grand complexus

Splénius

Trapèze

Rhomboïde

Grand dentelé

Le trait discontinu indique les
contours du grand dorsal qui
n'a pas été figuré.

TRAPÈZE.

*D<sup>r</sup> Paul Richer del.*

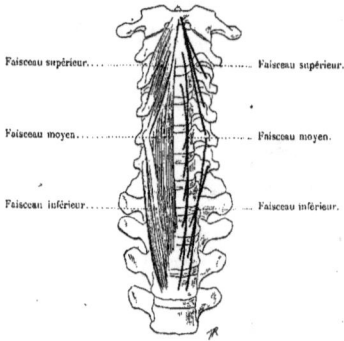

Faisceau supérieur.....                          ...... Faisceau supérieur.

Faisceau moyen.............                       ... Faisceau moyen.

Faisceau inférieur.......                        ..... Faisceau inférieur.

FIG. 1. — LONG DU COU.

(Les traits de force situés sur le côté droit donnent le schéma
des insertions musculaires.)

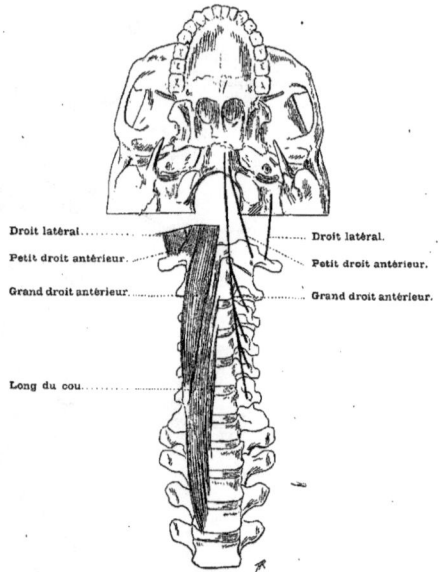

Droit latéral............                        ........... Droit latéral.

Petit droit antérieur.....                       .......... Petit droit antérieur.

Grand droit antérieur.....                       ........... Grand droit antérieur.

Long du cou.........

FIG. 2. — COUCHE ANTÉRIEURE PROFONDE.

(Les traits de force situés sur le côté droit donnent
le schéma des insertions musculaires.)

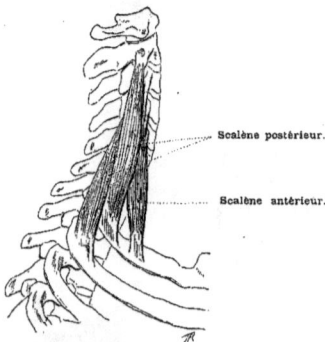

Scalène postérieur...

Scalène antérieur....

FIG. 3. — SCALÈNES (Plan latéral).

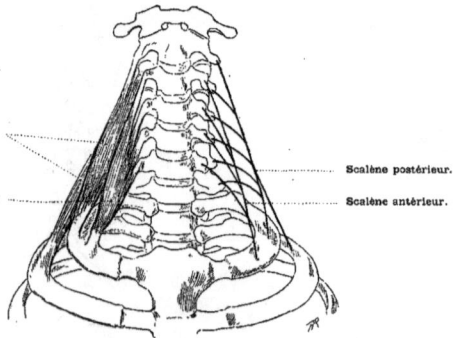

Scalène postérieur.

Scalène antérieur.

FIG. 4. — SCALÈNES (Plan antérieur).

(Les traits de force situés sur le côté gauche donnent le schéma
des insertions musculaires.)

Dr Paul Richer del.

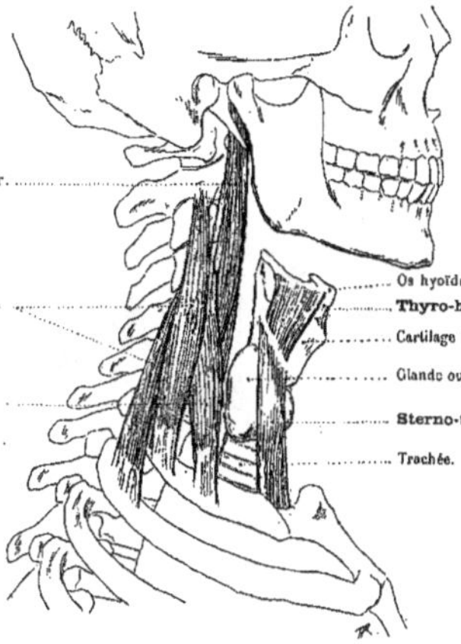

Grand droit antérieur.

Scalène postérieur.

Scalène antérieur.

Os hyoïde.
Thyro-hyoïdien.
Cartilage thyroïde du larynx.
Glande ou corps thyroïde.
Sterno-thyroïdien.
Trachée.

Fig. 1.

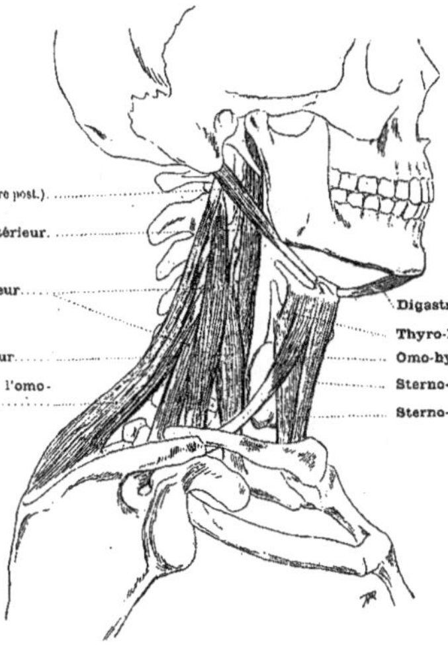

Digastrique (ventre post.).
Grand droit antérieur.

Scalène postérieur.

Scalène antérieur.
Angulaire de l'omo-
plate.

Digastrique (ventre antérieur).
Thyro-hyoïdien.
Omo-hyoïdien.
Sterno-hyoïdien.
Sterno-cléido-thyroïdien.

Fig. 2.

Dr Paul Richer del.

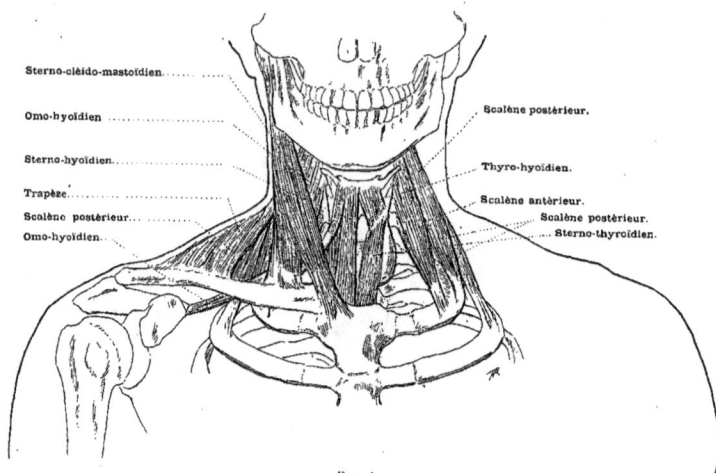

Sterno-cléido-mastoïdien

Omo-hyoïdien

Sterno-hyoïdien

Trapèze

Scalène postérieur

Omo-hyoïdien

Scalène postérieur.

Thyro-hyoïdien.

Scalène antérieur.

Scalène postérieur.

Sterno-thyroïdien.

Fig. 1.

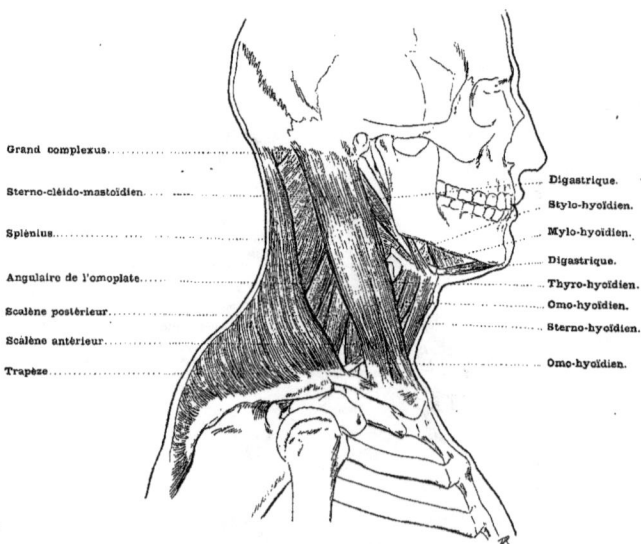

Grand complexus

Sterno-cléido-mastoïdien

Splénius

Angulaire de l'omoplate

Scalène postérieur

Scalène antérieur

Trapèze

Digastrique.

Stylo-hyoïdien.

Mylo-hyoïdien.

Digastrique.

Thyro-hyoïdien.

Omo-hyoïdien.

Sterno-hyoïdien.

Omo-hyoïdien.

Fig. 2.

*Dr Paul Richer del.*

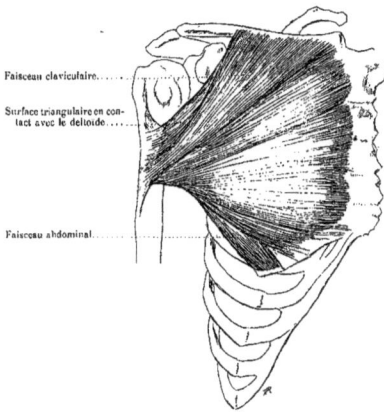

Faisceau claviculaire........

Surface triangulaire en con-
tact avec le deltoïde.....

Faisceau abdominal........

FIG. 1. — GRAND PECTORAL.

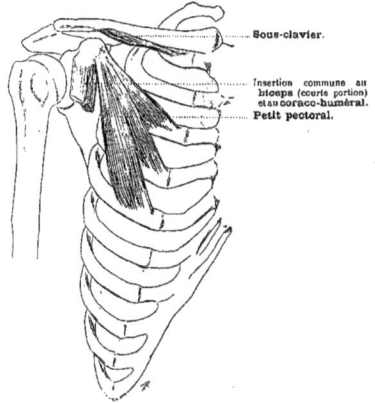

Sous-clavier.

Insertion commune au
bicepa (courte portion)
et au coraco-huméral.
**Petit pectoral.**

FIG. 2. — PETIT PECTORAL.

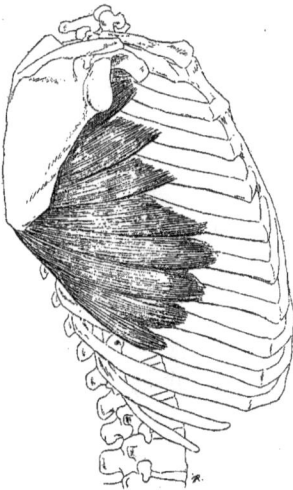

FIG. 3. · GRAND DENTELÉ.

L'omoplate étant dans sa position normale.

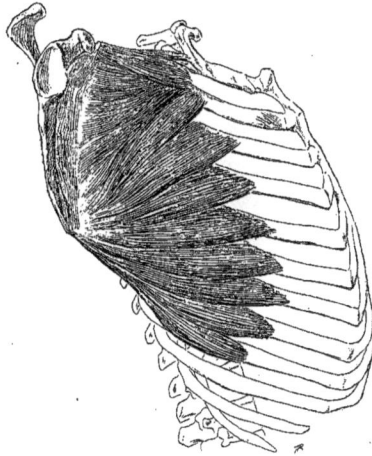

FIG. 4. — GRAND DENTELÉ.

L'omoplate écarté du thorax pour montrer les insertions de ce muscle
au bord spinal.

*Dr Paul Richer del.*

Sus-épineux......
Tendon de la longue
portion du **biceps**......
                                        Sous-scapulaire.
Grand pectoral......
                                        Grand rond.
Grand dorsal......

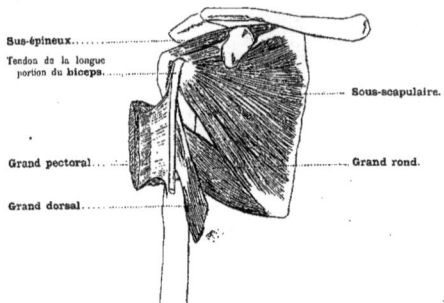

FIG. 1. — PLAN ANTÉRIEUR.

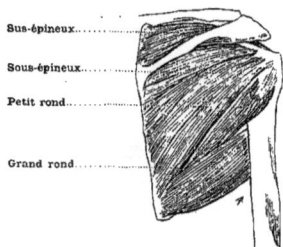

Sus-épineux......
Sous-épineux......
Petit rond......
Grand rond......

FIG. 3. — PLAN POSTÉRIEUR.

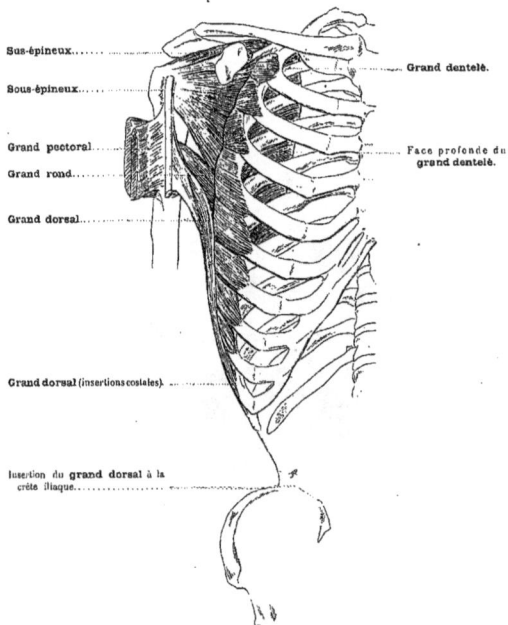

Sus-épineux......
Sous-épineux......
                                        Grand dentelé.
Grand pectoral......
                                        Face profonde du
Grand rond......                        grand dentelé.
Grand dorsal......

Grand dorsal (insertions costales)......

Insertion du **grand dorsal** à la
crête iliaque......

FIG. 2. — PLAN ANTÉRIEUR.

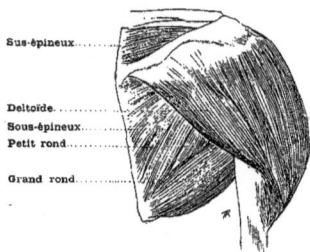

Sus-épineux......
Deltoïde......
Sous-épineux......
Petit rond......
Grand rond......

FIG. 4. — DELTOÏDE. PLAN POSTÉRIEUR.

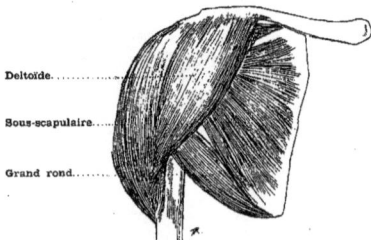

Deltoïde......
Sous-scapulaire......
Grand rond......

FIG. 5. — DELTOÏDE. PLAN ANTÉRIEUR.

Dr Paul Richer del.

# MUSCLES DE L'ABDOMEN

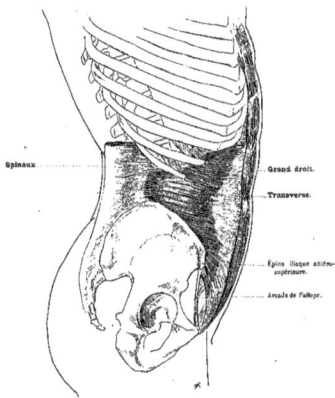

Fig. 1. — Transverse de l'abdomen (Couche profonde).

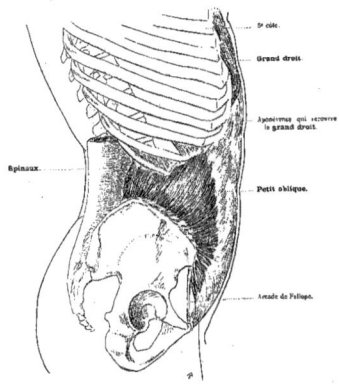

Fig. 2. — Petit oblique de l'abdomen (Couche moyenne).

MUSCLES DE L'ABDOMEN (SUITE)

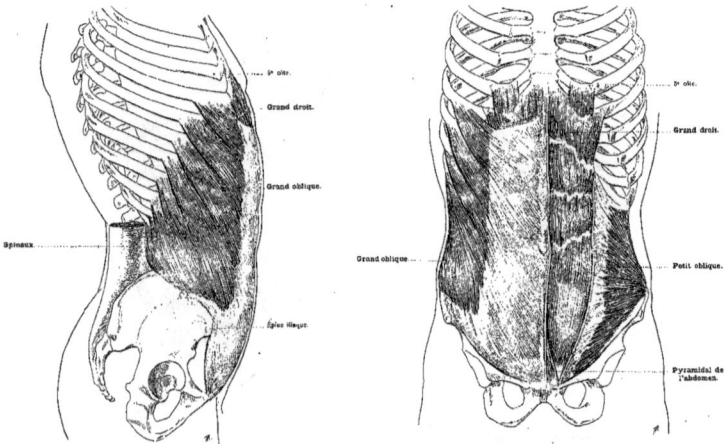

Fig. 3. — Petit fessier.

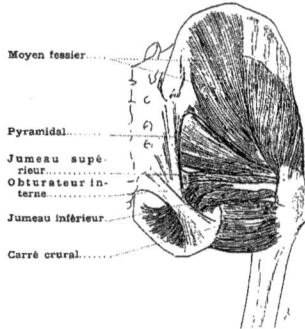

Carré lombaire.
Petit psoas.
Psoas.
Iliaque.

Moyen fessier
Pyramidal
Jumeau supérieur
Obturateur interne
Jumeau inférieur
Carré crural

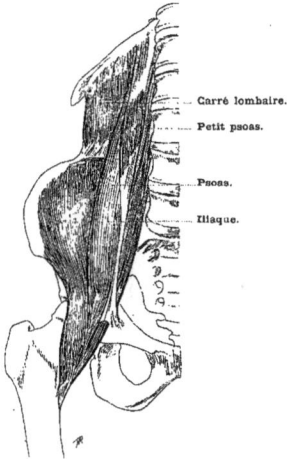

Fig. 1. — Plan antérieur.

Plan postérieur. Couche profonde.

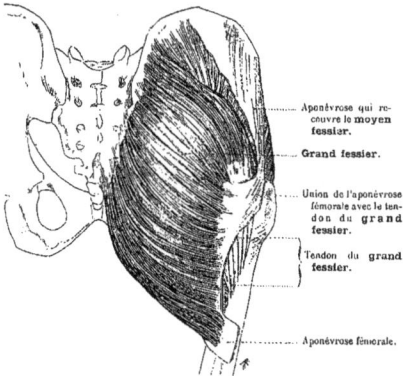

Aponévrose qui recouvre le moyen fessier.
Grand fessier.
Union de l'aponévrose fémorale avec le tendon du grand fessier.
Tendon du grand fessier.
Aponévrose fémorale.

Fig. 2. — Plan postérieur. Couche superficielle.

Dr Paul Richer del.

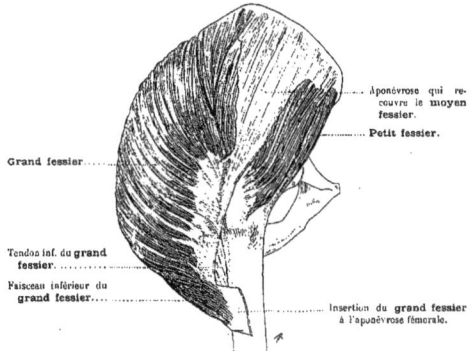

Aponévrose qui recouvre le moyen fessier.
Petit fessier.
Grand fessier
Tendon inf. du grand fessier.
Faisceau inférieur du grand fessier.
Insertion du grand fessier à l'aponévrose fémorale.

Plan latéral. Couche superficielle.

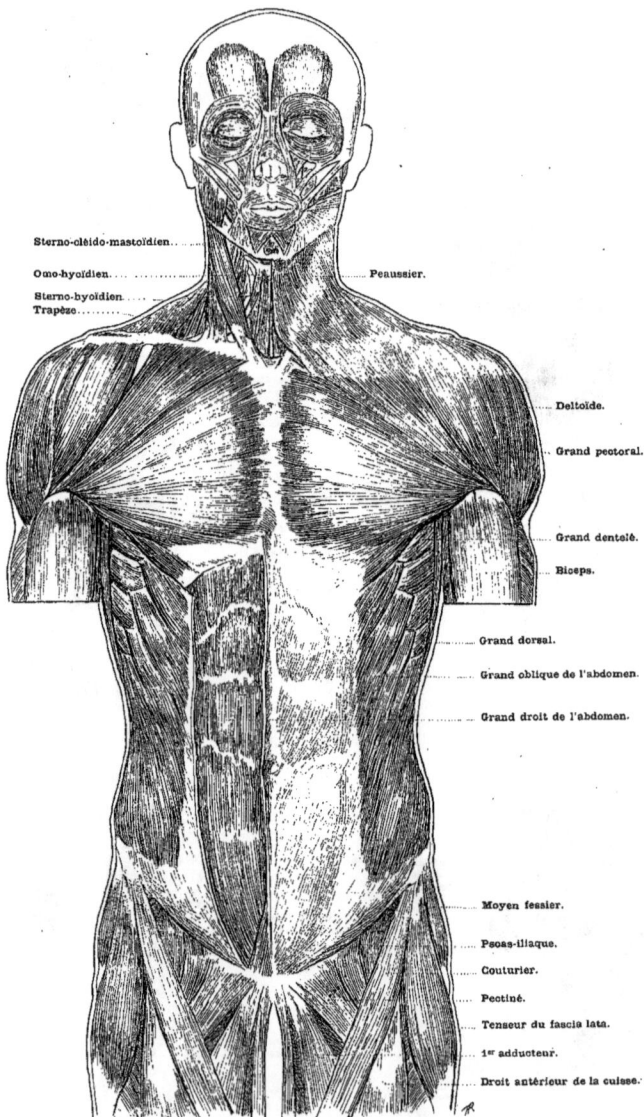

Sterno-cléido-mastoïdien

Omo-hyoïdien

Peaussier.

Sterno-hyoïdien

Trapèze

Deltoïde.

Grand pectoral.

Grand dentelé.

Biceps.

Grand dorsal.

Grand oblique de l'abdomen.

Grand droit de l'abdomen.

Moyen fessier.

Psoas-iliaque.

Couturier.

Pectiné.

Tenseur du fascia lata.

1er adducteur.

Droit antérieur de la cuisse.

PLAN ANTÉRIEUR.

Dr Paul Richer del.

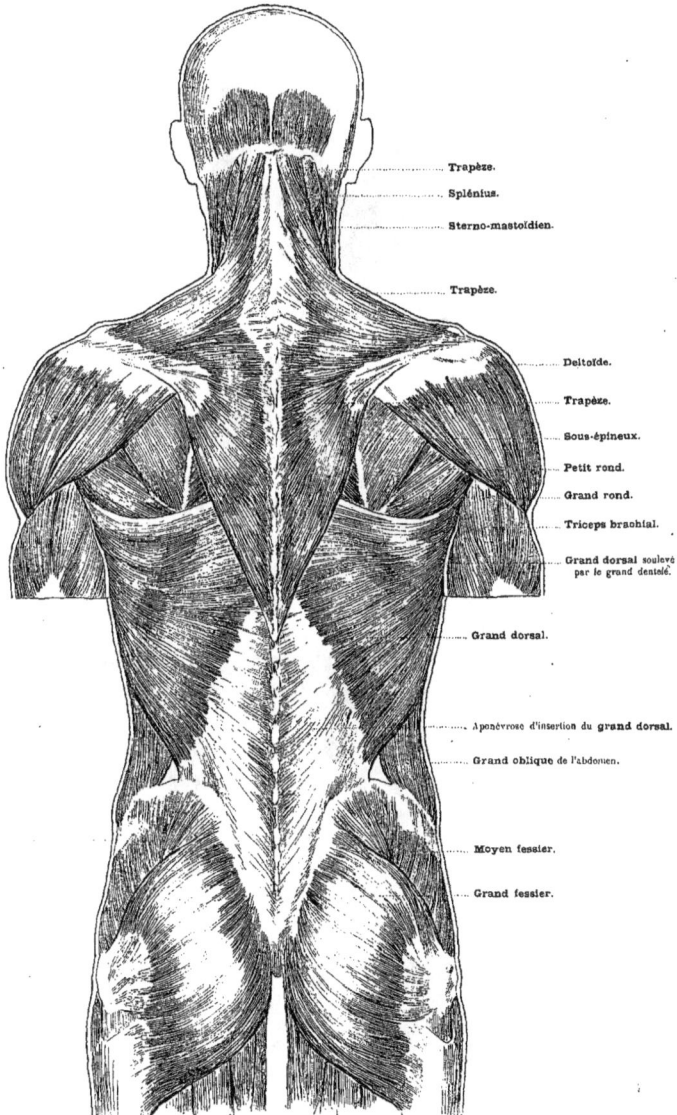

Trapèze.

Splénius.

Sterno-mastoïdien.

Trapèze.

Deltoïde.

Trapèze.

Sous-épineux.

Petit rond.

Grand rond.

Triceps brachial.

Grand dorsal soulevé
par le grand dentelé.

Grand dorsal.

Aponévrose d'insertion du **grand dorsal.**

Grand oblique de l'abdomen.

Moyen fessier.

Grand fessier.

PLAN POSTÉRIEUR.

Dr Paul Richer del.

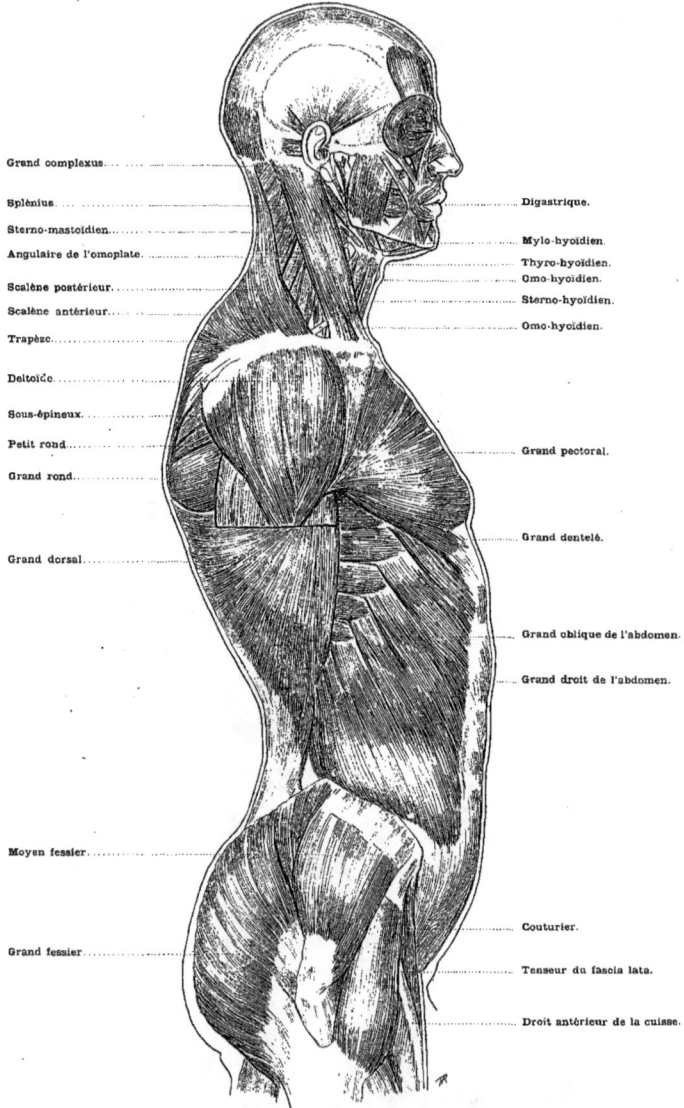

Grand complexus

Splénius

Sterno-mastoïdien

Angulaire de l'omoplate

Scalène postérieur

Scalène antérieur

Trapèze

Deltoïde

Sous-épineux

Petit rond

Grand rond

Grand dorsal

Moyen fessier

Grand fessier

Digastrique.

Mylo-hyoïdien.

Thyro-hyoïdien.

Omo-hyoïdien.

Sterno-hyoïdien.

Omo-hyoïdien.

Grand pectoral.

Grand dentelé.

Grand oblique de l'abdomen.

Grand droit de l'abdomen.

Couturier.

Tenseur du fascia lata.

Droit antérieur de la cuisse.

PLAN LATÉRAL.

Dr Paul Richer del.

Coraco-huméral.

Coraco-huméral.

Biceps (courte portion).

Tendon de la longue portion du biceps.

Biceps.

Brachial antérieur.

Brachial antérieur.

Expansion tendineuse du tendon inférieur du biceps.

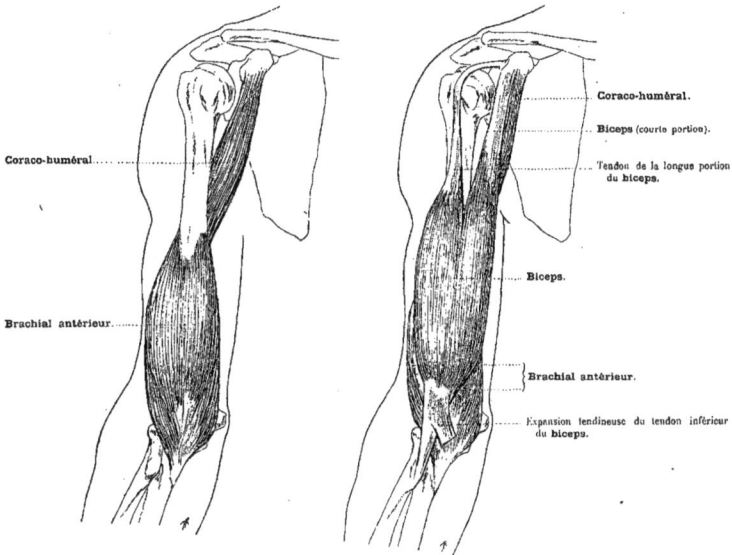

FIG. 1. — PLAN ANTÉRIEUR (Couche profonde). FIG. 2. — PLAN ANTÉRIEUR (Couche superficielle).

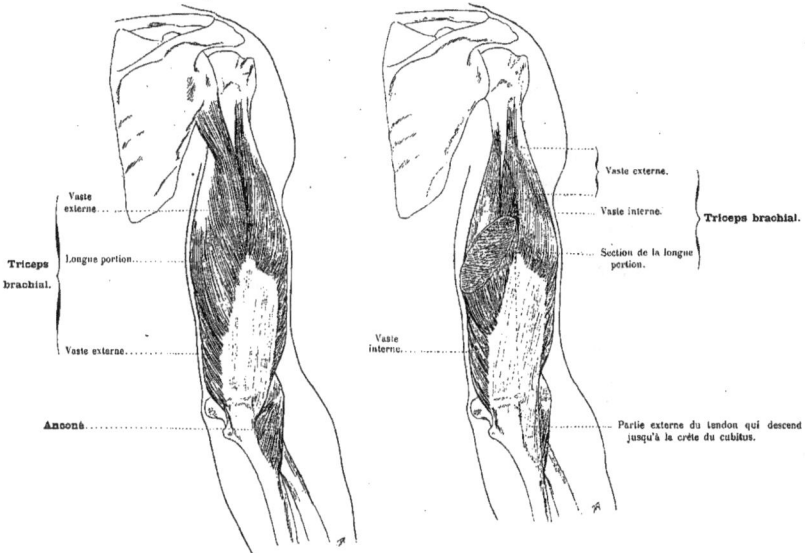

Vaste externe.

Vaste interne.

Triceps brachial.

Vaste externe.

Longue portion.

Section de la longue portion.

Triceps brachial.

Vaste externe.

Vaste interne.

Anconé.

Partie externe du tendon qui descend jusqu'à la crête du cubitus.

FIG. 3 et 4. — PLAN POSTÉRIEUR. TRICEPS BRACHIAL.

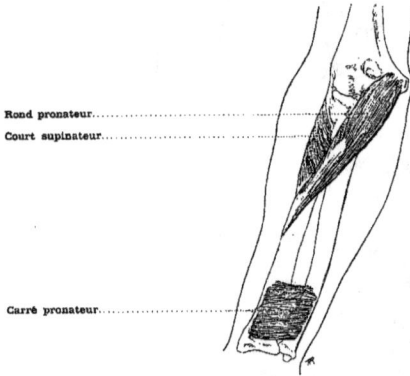

Rond pronateur..............
Court supinateur................

Carré pronateur.......................

Fig. 1.

Fléchisseur profond
des doigts.

Fléchisseur propre
du pouce.

Lombricaux.

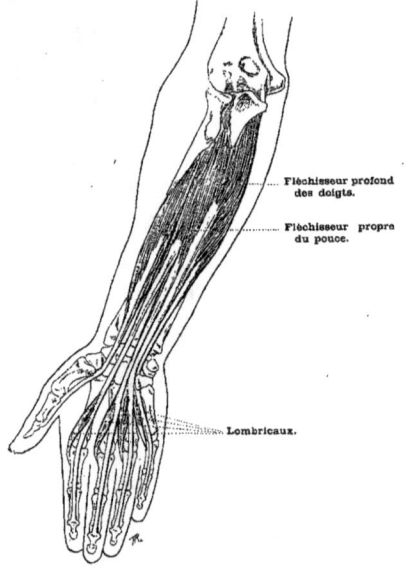

Fig. 2. — Fléchisseurs profonds.
(Couche profonde.)

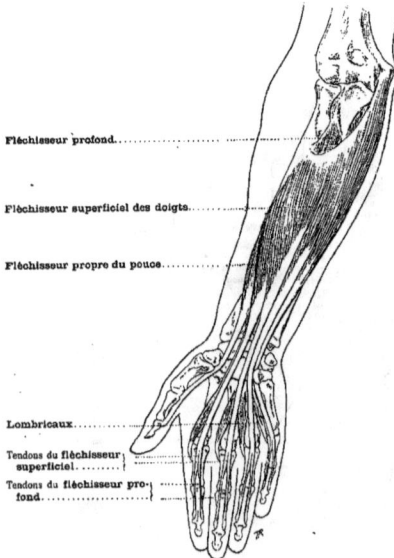

Fléchisseur profond...............

Fléchisseur superficiel des doigts.........

Fléchisseur propre du pouce...........

Lombricaux..........
Tendons du fléchisseur
superficiel.........
Tendons du fléchisseur profond..................

Fig. 3. — Fléchisseur superficiel. (Couche moyenne.)

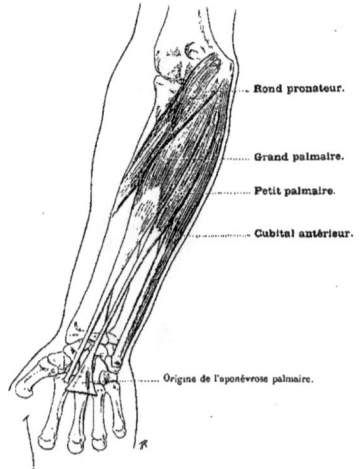

Dr Paul Richer del.

Rond pronateur.

Grand palmaire.

Petit palmaire.

Cubital antérieur.

Origine de l'aponévrose palmaire.

Fig. 4. — Muscles de la couche superficielle.

Anconé.

Cubital antérieur......

Fléchisseur profond des doigts............

2ᵉ radial externe.

Court supinateur.

Long abducteur du pouce.

Long extenseur du pouce....

Extenseur propre de l'index .......

Court extenseur du pouce.

2ᵉ radial externe.

Long supinateur.

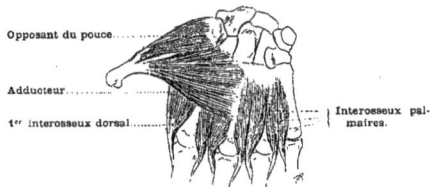

1ᵉʳ radial externe.

Anconé.

2ᵉ radial externe.

Cubital postérieur.

Extenseur propre du petit doigt.

Extenseur commun des doigts.

Long abducteur
Court extenseur  } du pouce.
Long extenseur

2ᵉ radial externe.
1ᵉʳ radial externe.

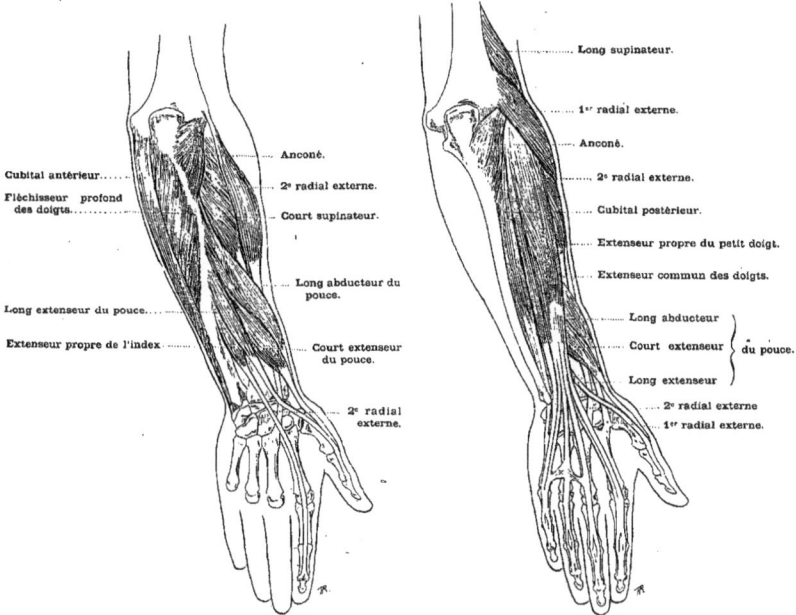

FIG. 1. — PLAN POSTÉRIEUR. COUCHE PROFONDE.     FIG. 2. — PLAN POSTÉRIEUR. COUCHE SUPERFICIELLE.

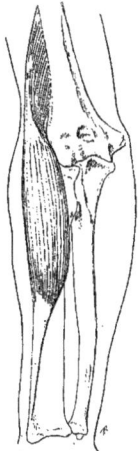

Opposant du pouce.....

Adducteur.........

1ᵉʳ interosseux dorsal.........

Interosseux palmaires.

FIG. 4. — MUSCLES DE LA MAIN. COUCHE PROFONDE.
(Plan antérieur.)

1ᵉʳ interosseux dorsal . .......

2ᵉ interosseux dorsal.

3ᵉ interosseux dorsal.

4ᵉ interosseux dorsal.

FIG. 3. — LONG SUPINATEUR.          FIG. 5. — INTEROSSEUX. (Plan antérieur.)

Dʳ Paul Richer del.

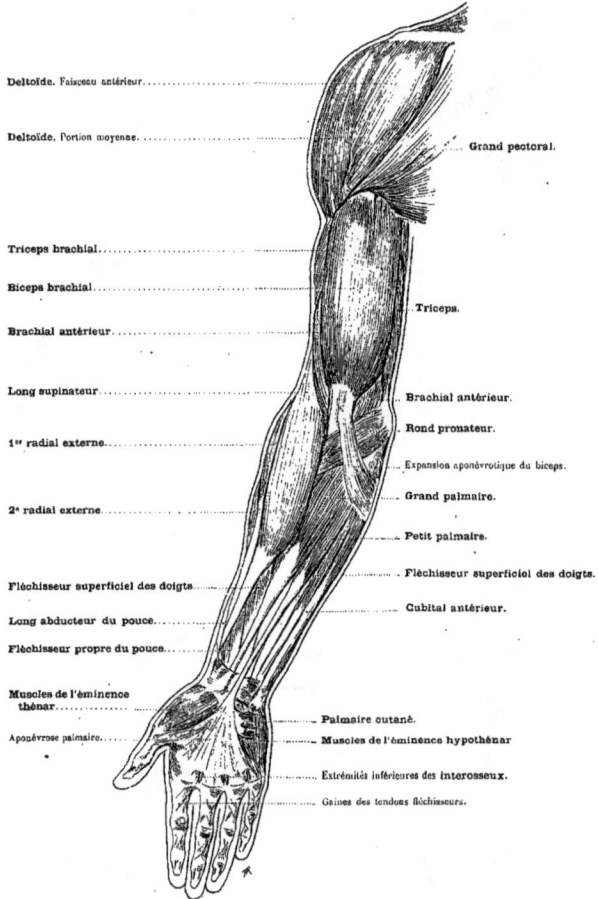

Deltoïde. Faisceau antérieur..................................

Deltoïde. Portion moyenne.........................

Grand pectoral.

Triceps brachial...........................

Biceps brachial............................

Triceps.

Brachial antérieur.....................

Long supinateur.............................

Brachial antérieur.

Rond pronateur.

1er radial externe.........................

Expansion aponévrotique du biceps.

Grand palmaire.

2e radial externe.............. . . .

Petit palmaire.

Fléchisseur superficiel des doigts.........

Fléchisseur superficiel des doigts.

Cubital antérieur.

Long abducteur du pouce.............

Fléchisseur propre du pouce......

Muscles de l'éminence
thénar..............

Palmaire cutané.

Aponévrose palmaire.....

Muscles de l'éminence hypothénar.

Extrémités inférieures des interosseux.

Gaines des tendons fléchisseurs.

PLAN ANTÉRIEUR.

Dr Paul Richer del.

Deltoïde, portion moyenne.

Deltoïde, faisceau postérieur.

Vaste externe.

Longue portion.

**Triceps brachial.**

Vaste interne.

Long supinateur

1er radial externe.

Olécrane.

Anconé.

Cubital antérieur, recouvrant le fléchisseur profond des doigts.

Extenseur commun des doigts.

2e radial externe.

Extenseur propre du petit doigt.

Cubital postérieur.

Long abducteur du pouce.

Court extenseur du pouce.

Long extenseur du pouce.

Tendon du cubital postérieur.

2e radial externe.

Tendon de l'extenseur propre de l'index.

1er radial externe.

Muscles de l'éminence hypothénar.

1er interosseux dorsal.

Tendon de l'extenseur propre du petit doigt.

Tendons extenseurs des doigts.

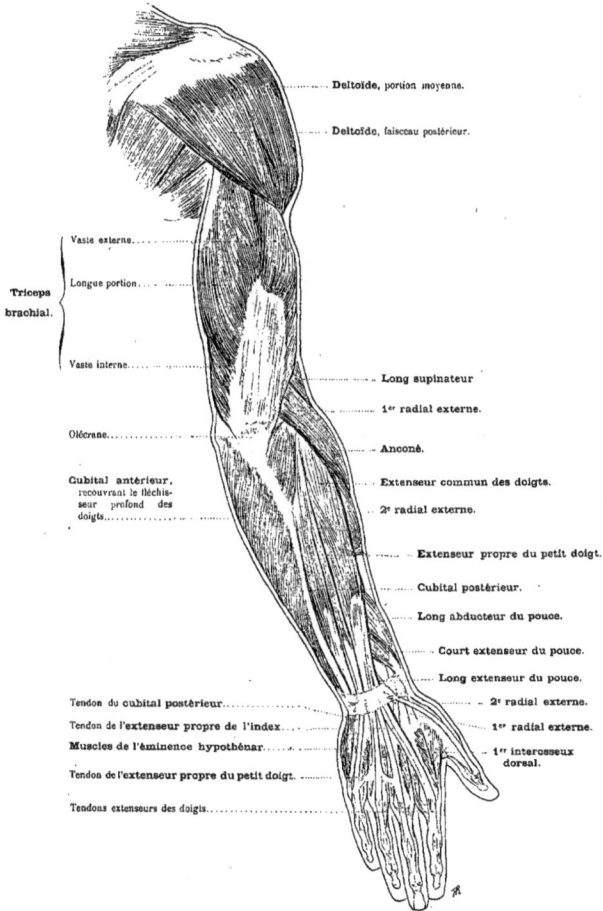

PLAN POSTÉRIEUR.

Deltoïde. . . . . . . . . . . . . . . .

. . . . . Grand pectoral.

Longue portion. . . . . . . . . . . .

Biceps.

Vaste externe. . . . . . . . . . . . .

Brachial antérieur.

Triceps
brachial.

Vaste interne. . . . . . . . . . . . .

Tendon. . . . . . . . . . . . . . .

. . . . Long supinateur.

Olécrane. . . . . . . . . . . . . . . . .

1er radial externe.

Anconé. . . . . . . . . . . . . . . . .

Cubital postérieur. . . . . . . . . . . . . . . .

2e radial externe.

Extenseur commun des doigts. . . . . . .

. . . . . Grand palmaire.

Long abducteur du pouce. . . . . . . . . . .

Court extenseur du pouce. . . . . . . . . . . . .

Long extenseur du pouce. . . . . . . . . . . . .

2e radial externe. . . . . . . . . . . . . . .

1er radial externe.

1er interosseux dorsal.

Adducteur du pouce.

1er lombrical.

Tendon extenseur destiné à l'index. . . . . . . . . . . .

Gaine des tendons fléchisseurs.

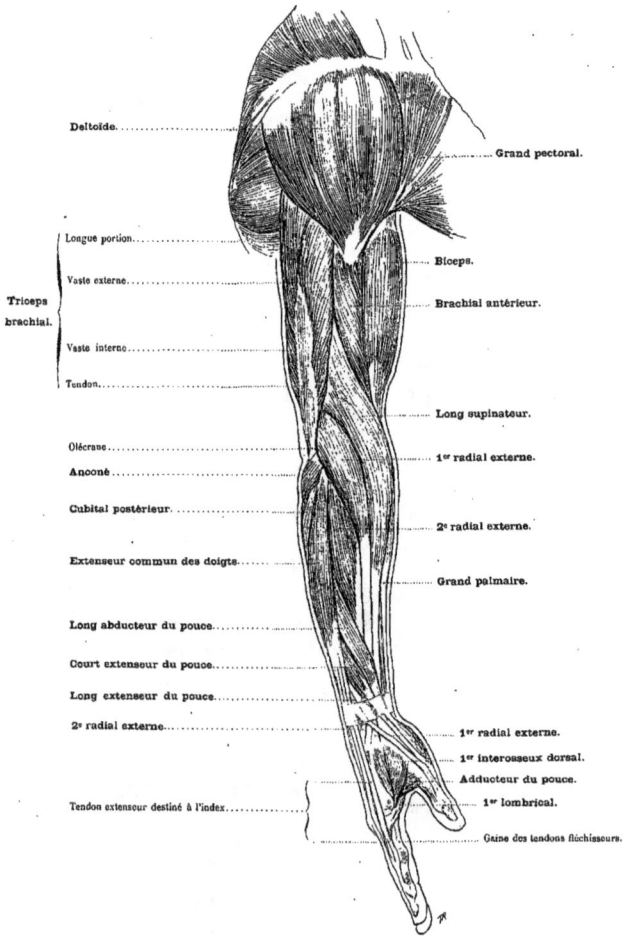

PLAN LATÉRAL EXTERNE.

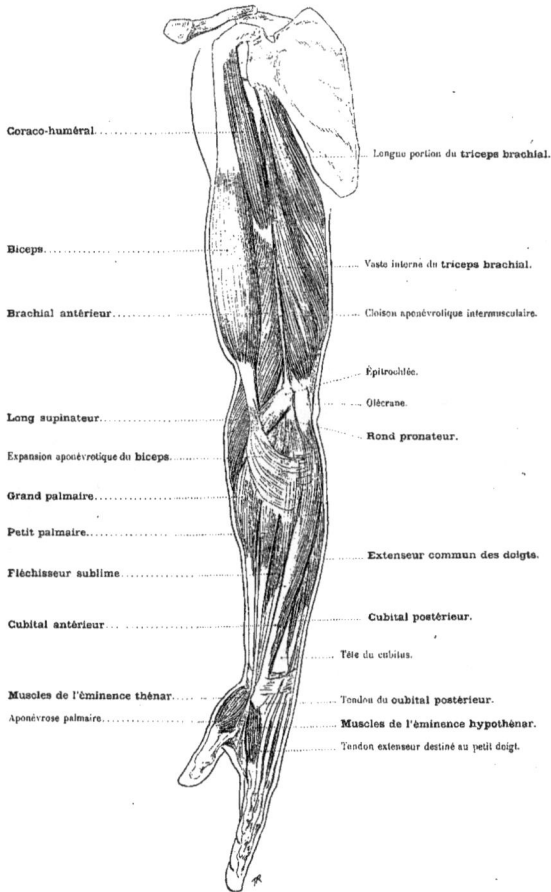

Coraco-huméral

Longue portion du **triceps brachial.**

Biceps

Vaste interne du **triceps brachial.**

Brachial antérieur

Cloison aponévrotique intermusculaire.

Épitrochlée.

Olécrane.

Long supinateur

Rond pronateur.

Expansion aponévrotique du biceps.

Grand palmaire

Petit palmaire

Extenseur commun des doigts.

Fléchisseur sublime

Cubital antérieur

Cubital postérieur.

Tête du cubitus.

Muscles de l'éminence thénar.

Tendon du cubital postérieur.

Aponévrose palmaire

**Muscles de l'éminence hypothénar.**

Tendon extenseur destiné au petit doigt.

PLAN LATÉRAL INTERNE.

Dʳ Paul Richer del.

# MUSCLES DE LA CUISSE

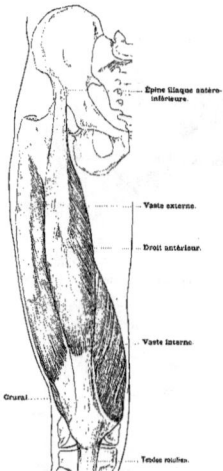

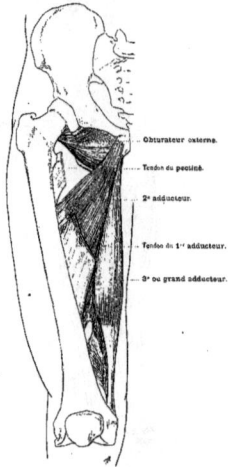

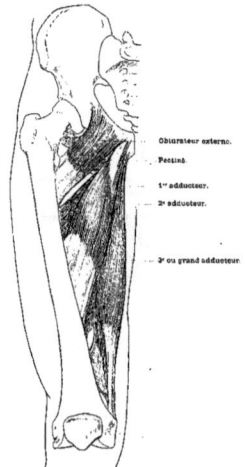

Épine iliaque antéro-
inférieure.

Vaste externe.

Droit antérieur.

Vaste interne.

Crural

Tendon rotulien.

Obturateur externe.

Tendon du pectiné.

2ᵉ adducteur.

Tendon du 1ᵉʳ adducteur.

3ᵉ ou grand adducteur.

Obturateur externe.

Pectiné.

1ᵉʳ adducteur.

2ᵉ adducteur.

3ᵉ ou grand adducteur.

# MUSCLES DE LA CUISSE (SUITE)

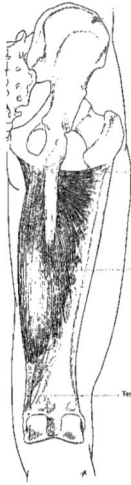

- Insertion à l'ischion.
- 3ᵉ ou grand adducteur.
- Tendon inférieur.

- Demi-tendineux.
- Demi-membraneux.
- Biceps crural, longue portion.
- Biceps crural, courte portion.
- Demi-membraneux.

- Biceps crural, longue portion.
- Demi-tendineux.
- Demi-membraneux.
- Courte portion.
- Longue portion sectionnée.
- Biceps crural.
- Expansion externe.
- Tendon direct.
- Tendon réfléchi.
- Demi-membraneux.

MUSCLES DE LA JAMBE

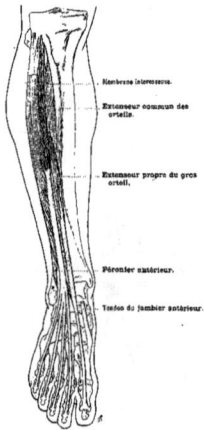

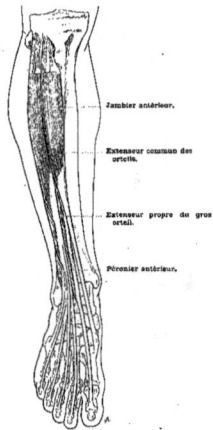

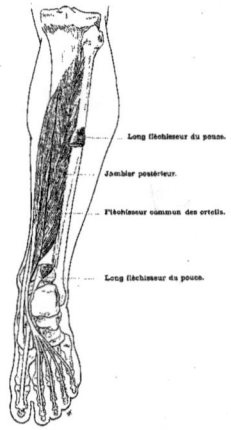

Membrane interosseuse.
Extenseur commun des orteils.

Extenseur propre du gros orteil.

Péronier antérieur.

Tendon du jambier antérieur.

Jambier antérieur.

Extenseur commun des orteils.

Extenseur propre du gros orteil.

Péronier antérieur.

Long fléchisseur du pouce.

Jambier postérieur.

Fléchisseur commun des orteils.

Long fléchisseur du pouce.

# MUSCLES DE LA JAMBE (SUITE)

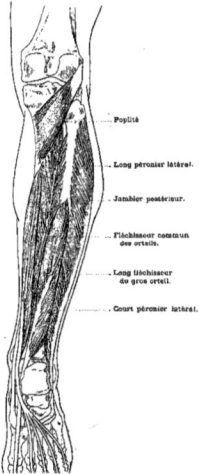

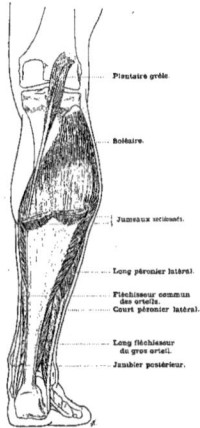

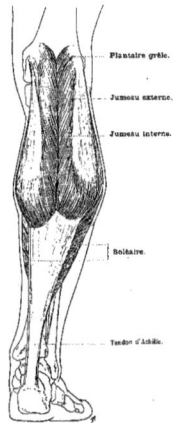

- Poplité.
- Long péronier latéral.
- Jambier postérieur.
- Fléchisseur commun des orteils.
- Long fléchisseur du gros orteil.
- Court péronier latéral.

- Plantaire grêle.
- Soléaire.
- Jumeaux sectionnés.
- Long péronier latéral.
- Fléchisseur commun des orteils.
- Court péronier latéral.
- Long fléchisseur du gros orteil.
- Jambier postérieur.

- Plantaire grêle.
- Jumeau externe.
- Jumeau interne.
- Soléaire.
- Tendon d'Achille.

Extenseur commun
des orteils.

Péronier antérieur.

Extenseur propre du
gros orteil.

Pédieux.

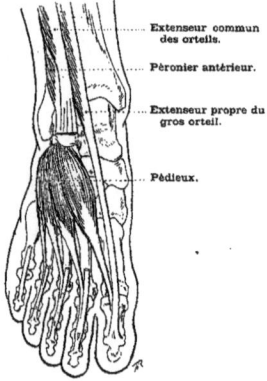

FIG. 1. — RÉGION DORSALE.

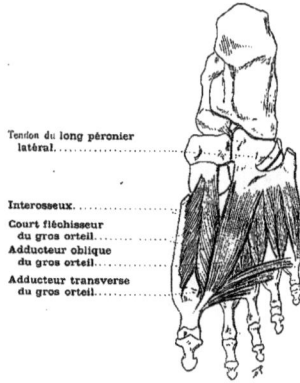

Tendon du long péronier
latéral.....................

Interosseux....................
Court fléchisseur
du gros orteil.........
Adducteur oblique
du gros orteil...........
Adducteur transverse
du gros orteil............

FIG. 2. — RÉGION PLANTAIRE.
(Couche profonde.)

Tendon du long fléchisseur
du gros orteil.
Tendon du long péronier
latéral.
Accessoire du long fléchisseur
commun des orteils.
Attache du court péronier
latéral.
Fléchisseur commun
des orteils.
Court fléchisseur
du petit orteil.

Lombricaux.

FIG. 3. — RÉGION PLANTAIRE.
(Couche moyenne.)

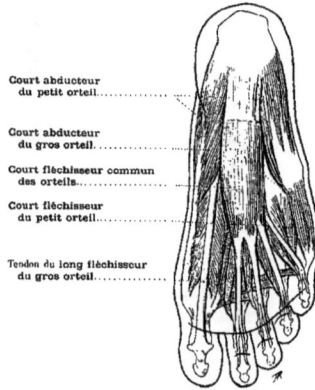

Court abducteur
du petit orteil..............

Court abducteur
du gros orteil..............

Court fléchisseur commun
des orteils..................

Court fléchisseur
du petit orteil..............

Tendon du long fléchisseur
du gros orteil..............

FIG. 4. — RÉGION PLANTAIRE.
(Couche superficielle.)

Dr Paul Richer del.

Épine iliaque antérieure et supérieure....... ....

Moyen fessier.......................

Grand trochanter.....................

Tenseur du fascia lata..............

Vaste externe.........................
Droit antérieur........................
Vaste interne............................

Extrémité inférieure du vaste externe. ........

Biceps crural.......................

Peloton adipeux sous-rotulien............

Fascia lata.............................

Tête du péroné..........................

Soléaire. ............................

Long péronier latéral..................

Extenseur commun des orteils.....

Court péronier latéral..........
Extenseur commun des orteils.....

Péronier antérieur............

Malléole externe................

Pédieux.......................

..... Psoas-iliaque.

..... Pectiné.

..... 1er adducteur.

..... Droit interne.

..... Couturier.

..... Bandelette arciforme de l'aponévrose fémorale.

..... Extrémité inférieure du vaste interne.

..... Rotule.
..... Extrémité inférieure de la bandelette arciforme.
..... Condyle interne du fémur.
..... Disque semi-lunaire interne.
..... Tibia.

..... Patte d'oie.

..... Jumeau interne.

..... Face interne du tibia.

..... Soléaire.

..... Jambier antérieur.

..... Fléchisseur commun des orteils.

..... Extenseur propre du gros orteil.

..... Malléole interne.

..... Tendon du jambier antérieur.

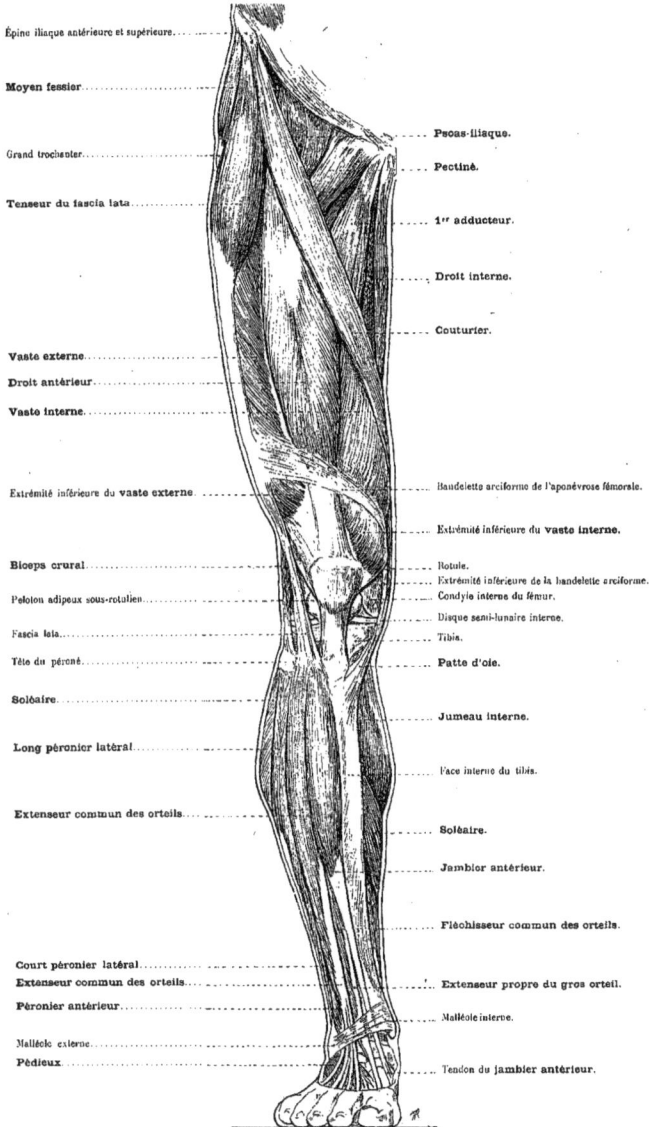

PLAN ANTÉRIEUR.

Dr Paul Richer del.

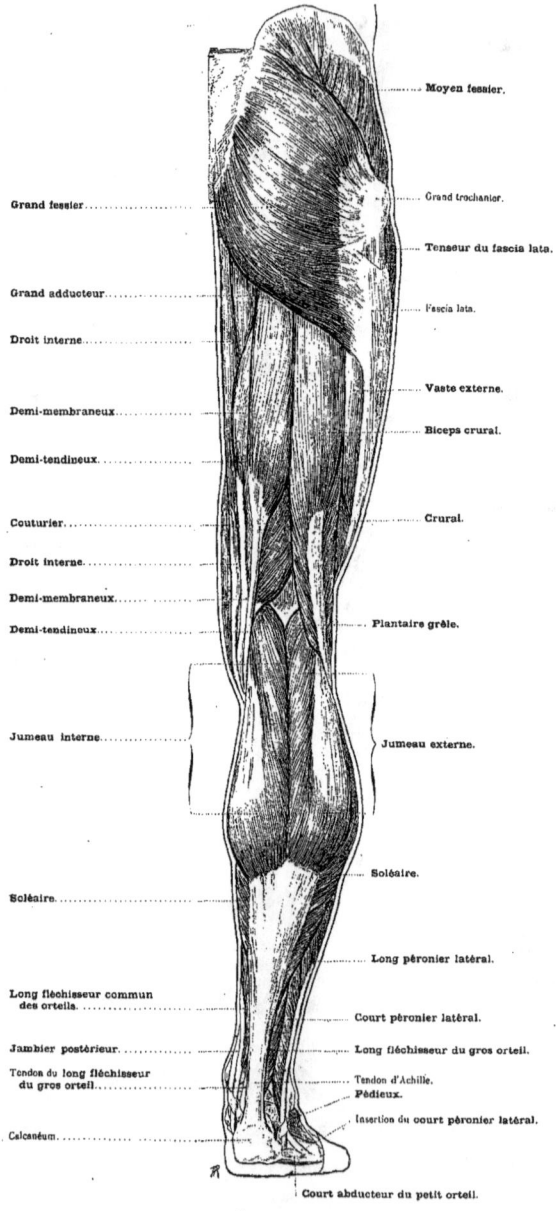

Moyen fessier.

Grand trochanter.

Tenseur du fascia lata.

Fascia lata.

Vaste externe.

Biceps crural.

Crural.

Plantaire grêle.

Jumeau externe.

Soléaire.

Long péronier latéral.

Court péronier latéral.

Long fléchisseur du gros orteil.

Tendon d'Achille.
Pédieux.

Insertion du court péronier latéral.

Court abducteur du petit orteil.

Grand fessier

Grand adducteur

Droit interne

Demi-membraneux

Demi-tendineux

Couturier

Droit interne

Demi-membraneux

Demi-tendineux

Jumeau interne

Soléaire

Long fléchisseur commun
des orteils

Jambier postérieur

Tendon du long fléchisseur
du gros orteil

Calcanéum

PLAN POSTÉRIEUR.

D' Paul Richer del.

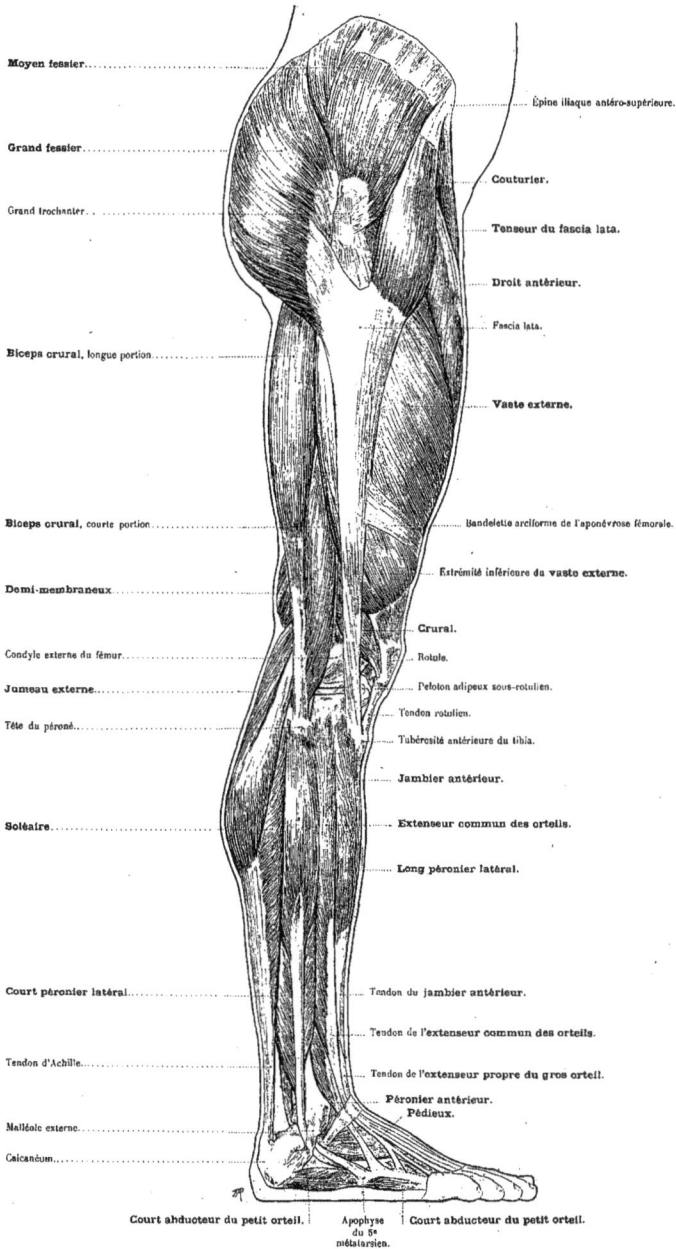

Moyen fessier..............................

Grand fessier..............................

Grand trochanter...............................

Biceps crural, longue portion...............

Biceps crural, courte portion...............

Demi-membraneux...............................

Condyle externe du fémur...............

Jumeau externe...............................

Tête du péroné...............................

Soléaire...............................

Court péronier latéral...............

Tendon d'Achille...............................

Malléole externe...............................

Calcanéum...............................

Court abducteur du petit orteil.    Apophyse du 5e métatarsien.    Court abducteur du petit orteil.

Épine iliaque antéro-supérieure.

Couturier.

Tenseur du fascia lata.

Droit antérieur.

Fascia lata.

Vaste externe.

Bandelette arciforme de l'aponévrose fémorale.

Extrémité inférieure du vaste externe.

Crural.

Rotule.

Peloton adipeux sous-rotulien.

Tendon rotulien.

Tubérosité antérieure du tibia.

Jambier antérieur.

Extenseur commun des orteils.

Long péronier latéral.

Tendon du jambier antérieur.

Tendon de l'extenseur commun des orteils.

Tendon de l'extenseur propre du gros orteil.

Péronier antérieur.
Pédieux.

Colonne vertébrale divisée par la moitié.

Iliaque................................

Psoas.................................

Pyramidal.

Obturateur interne....................

Symphyse du pubis....................

Grand ligament sciatique.

Ischion..............................

Grand fessier.

Couturier............................

Grand adducteur.

Droit interne........................

Demi-tendineux.

Demi-membraneux.

Droit antérieur......................

Biceps crural.

Vaste interne........................

Bandelette arciforme de l'aponévrose fémorale.......

Demi-membraneux. (Extrémité inférieure.

Extrémité inférieure du vaste interne..........

Couturier.

Rotule..............................

Tendon du droit interne.

Peloton adipeux sous-rotulien..................

Ligament rotulien...........................

Démi-membraneux. Insertion du tendon direct.

Tendon du demi-tendineux.

Face interne du tibia.....................

Jumeau interne.

Jambier antérieur.......................

Soléaire.

Long fléchisseur commun des orteils.

Jambier postérieur.

Ligament annulaire du tarse.....................

Long fléchisseur du gros orteil.

Tendon du jambier antérieur..................

Malléole interne.

Tendon de l'extenseur propre du gros orteil.

Tendon d'Achille.

Calcanéum.

Aponévrose plantaire. |            | Court abducteur du gros orteil.

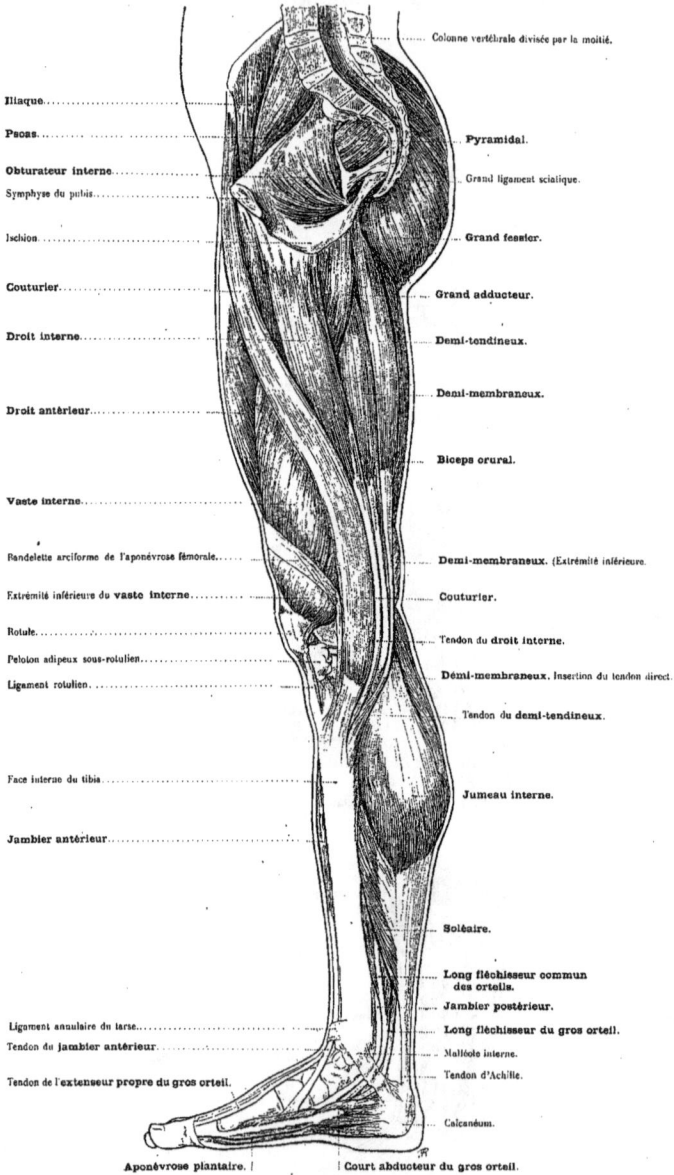

PLAN LATÉRAL INTERNE.

Céphalique.

Basilique.

Médiane céphalique.

Médiane basilique.

Cubitale.

Médianc.

Radiale.

Céphalique du pouce.

Cubitale.

Radiale.

Salvatelle.

Céphalique du pouce.

Arcade dorsale.

Collatérales des doigts.

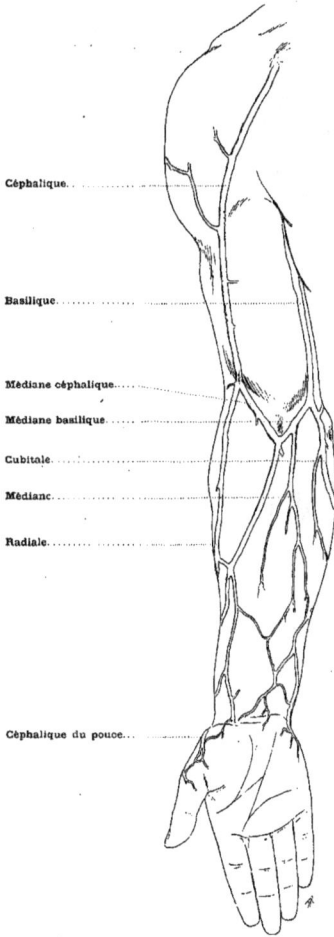

FIG. 1. — MEMBRE SUPÉRIEUR.
(Plan antérieur.)

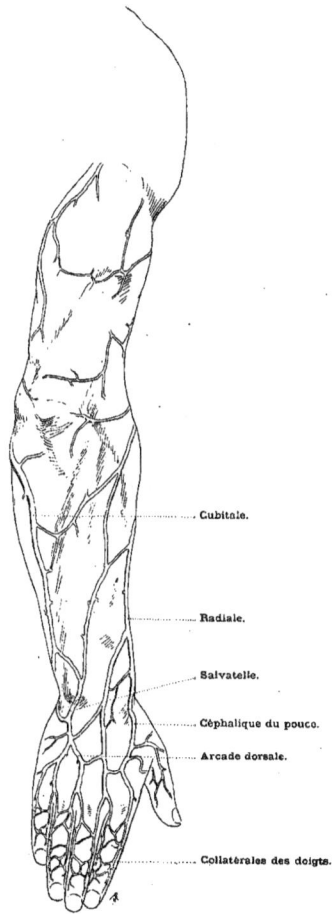

FIG. 2. — MEMBRE SUPÉRIEUR.
(Plan postérieur.)

*Dr Paul Richer del.*

Saphène interne

Saphène externe

Veine interne du pied.

Arcade dorsale

Frontale.

Temporale.

Faciale.

Jugulaire externe.

Jugulaire antérieure.

Fig. 1. — Tête et cou.

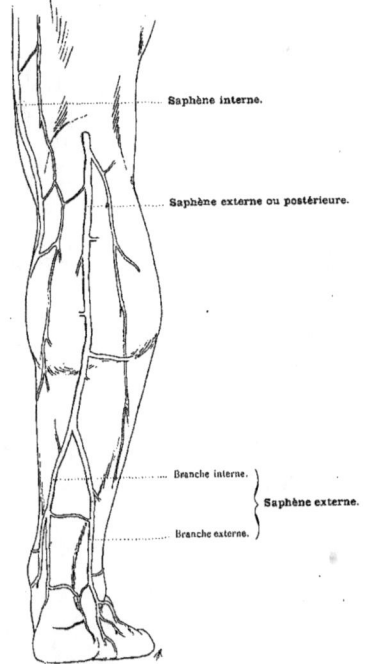

Saphène interne.

Saphène externe ou postérieure.

Branche interne. }
Saphène externe.
Branche externe. }

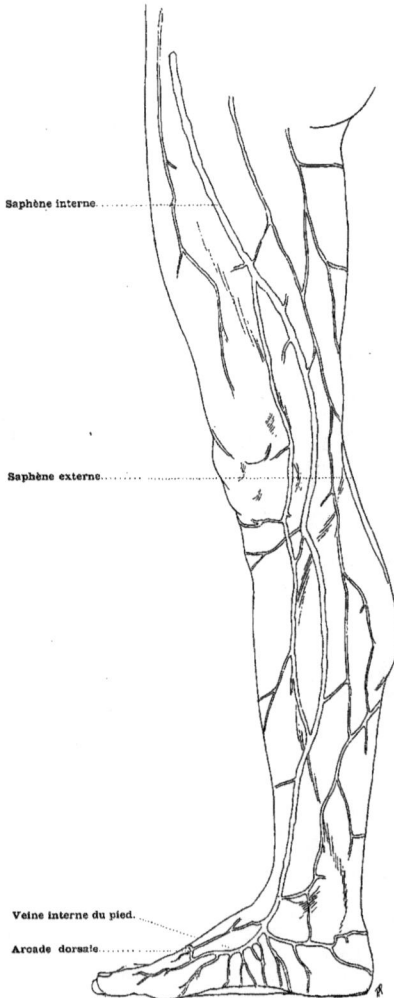

Fig. 2. — Membre inférieur.
(Plan latéral interne.)

Fig. 3. — Membre inférieur.
(Plan postérieur.)

Dr Paul Richer del.

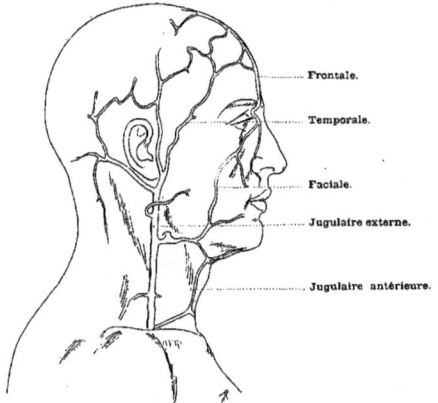

Tête..................

Cou......  ............

Épaule.................

Région sternale.......

Rég. mammaire.......

Rég. sous-mammaire.

Abdomen.............

Flanc..................

Pubis .................

Bras.

Saignée.

Avant-bras.

Poignet.

Main.

Cuisse.

Genou.

Jambe.

Cou-de-pied.

Pied.

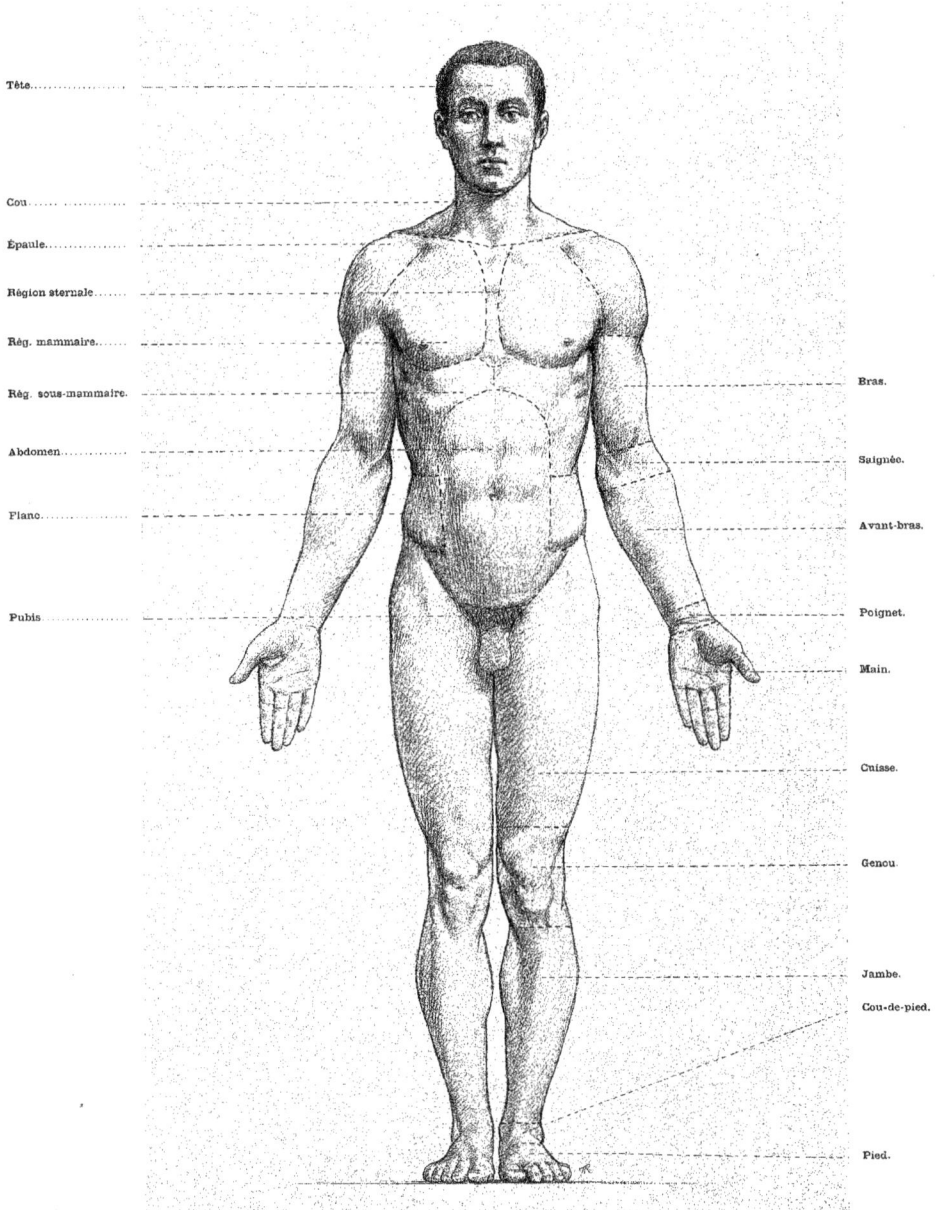

PLAN ANTÉRIEUR.

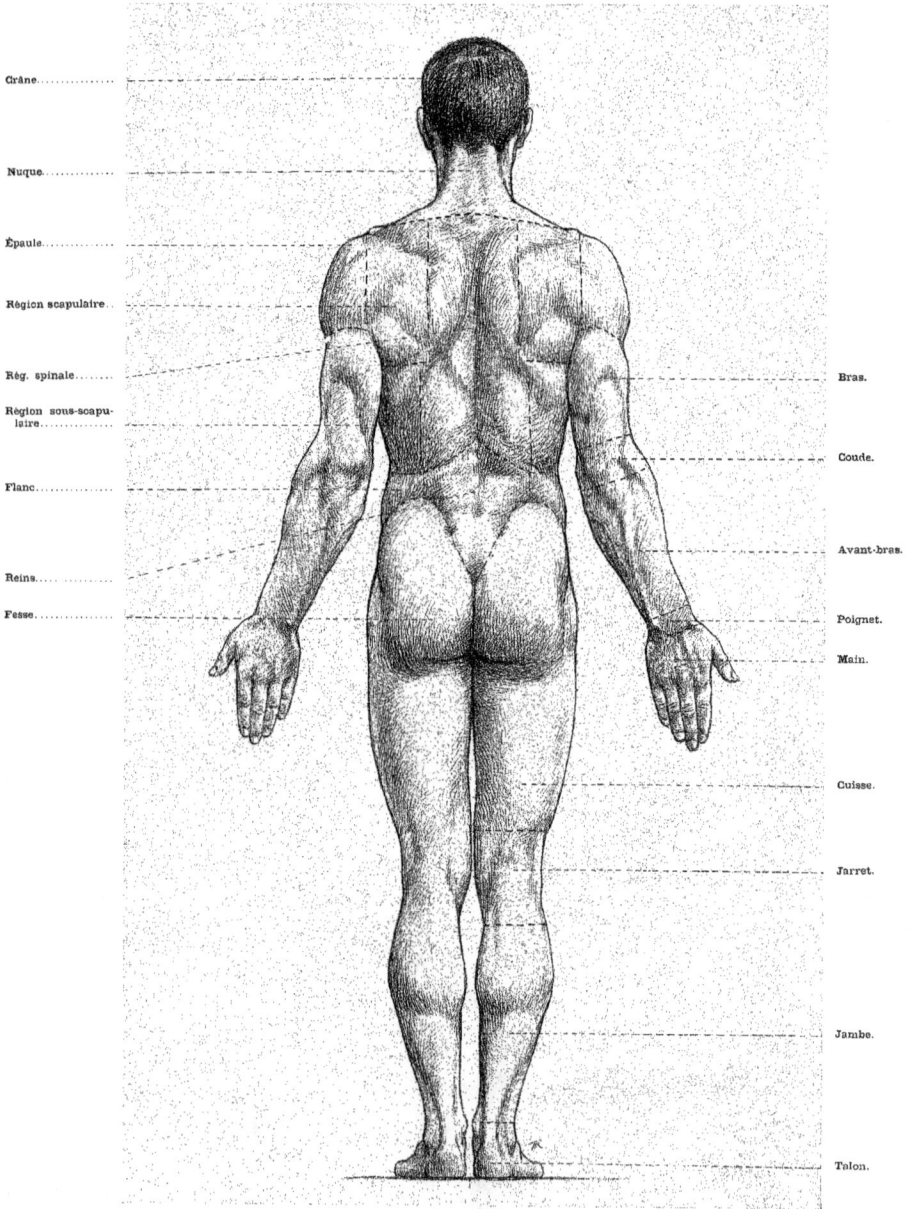

Crâne

Nuque

Épaule

Région scapulaire

Rég. spinale

Région sous-scapu-
laire

Flanc

Reins

Fesse

Bras.

Coude.

Avant-bras.

Poignet.

Main.

Cuisse.

Jarret.

Jambe.

Talon.

PLAN POSTÉRIEUR.

Dr Paul Richer del.

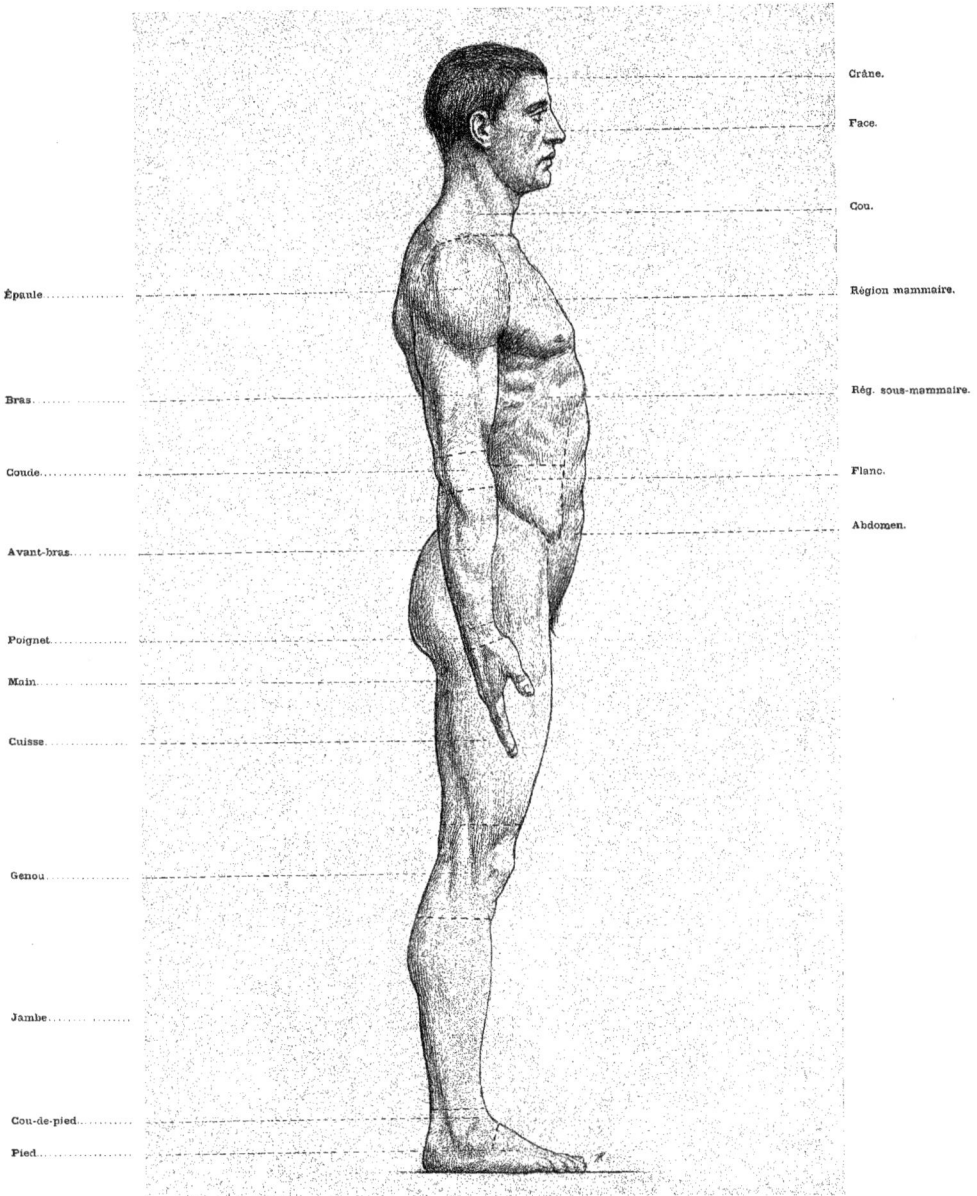

Crâne.

Face.

Cou.

Région mammaire.

Épaule

Rég. sous-mammaire.

Bras

Coude

Flanc.

Avant-bras

Abdomen.

Poignet

Main

Cuisse

Genou

Jambe

Cou-de-pied

Pied

PLAN LATÉRAL.

Dr Paul Richer del.

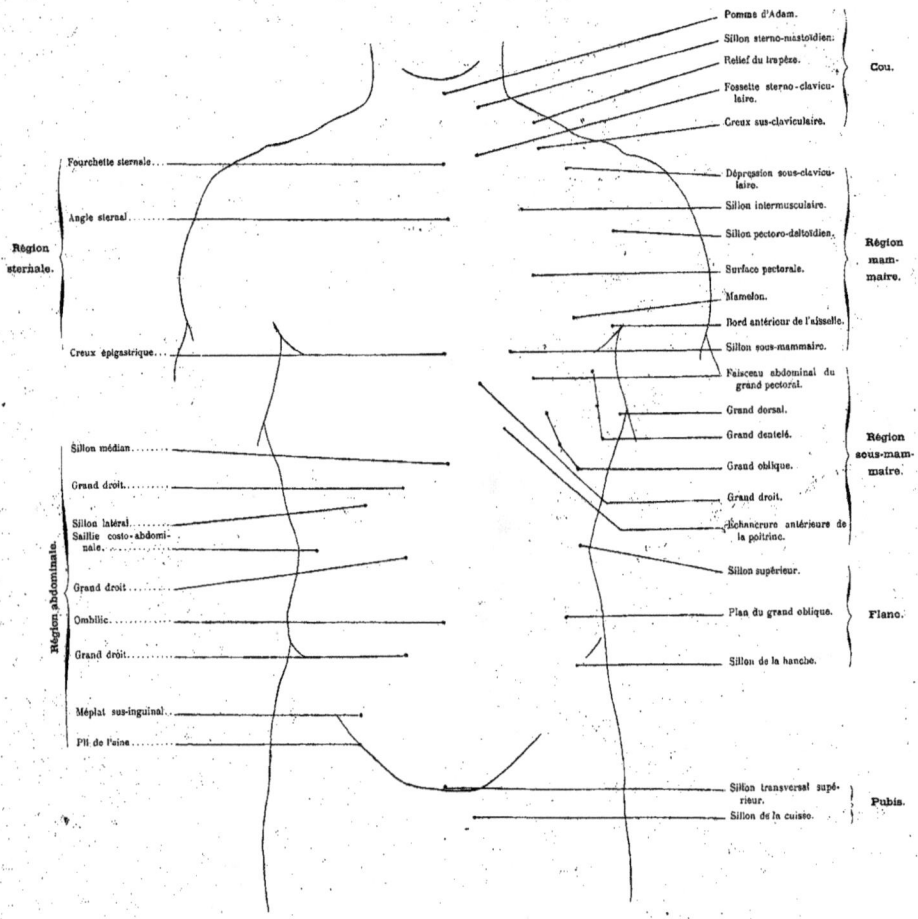

Pomme d'Adam.
Sillon sterno-mastoïdien.
Relief du trapèze.
Fossette sterno-claviculaire.
Creux sus-claviculaire.

Cou.

Fourchette sternale....

Angle sternal........

Région sternale.

Dépression sous-claviculaire.
Sillon intermusculaire.
Sillon pectoro-deltoïdien.
Surface pectorale.
Mamelon.
Bord antérieur de l'aisselle.
Sillon sous-mammaire.

Région mammaire.

Creux épigastrique...

Faisceau abdominal du grand pectoral.
Grand dorsal.
Grand dentelé.
Grand oblique.
Grand droit.
Échancrure antérieure de la poitrine.

Région sous-mammaire.

Sillon médian........

Grand droit.........

Sillon latéral........
Saillie costo-abdominale. .........

Grand droit ......

Ombilic...........

Grand droit........

Région abdominale.

Sillon supérieur.
Plan du grand oblique.
Sillon de la hanche.

Flanc.

Méplat sus-inguinal...

Pli de l'aine........

Sillon transversal supérieur.
Sillon de la cuisse.

Pubis.

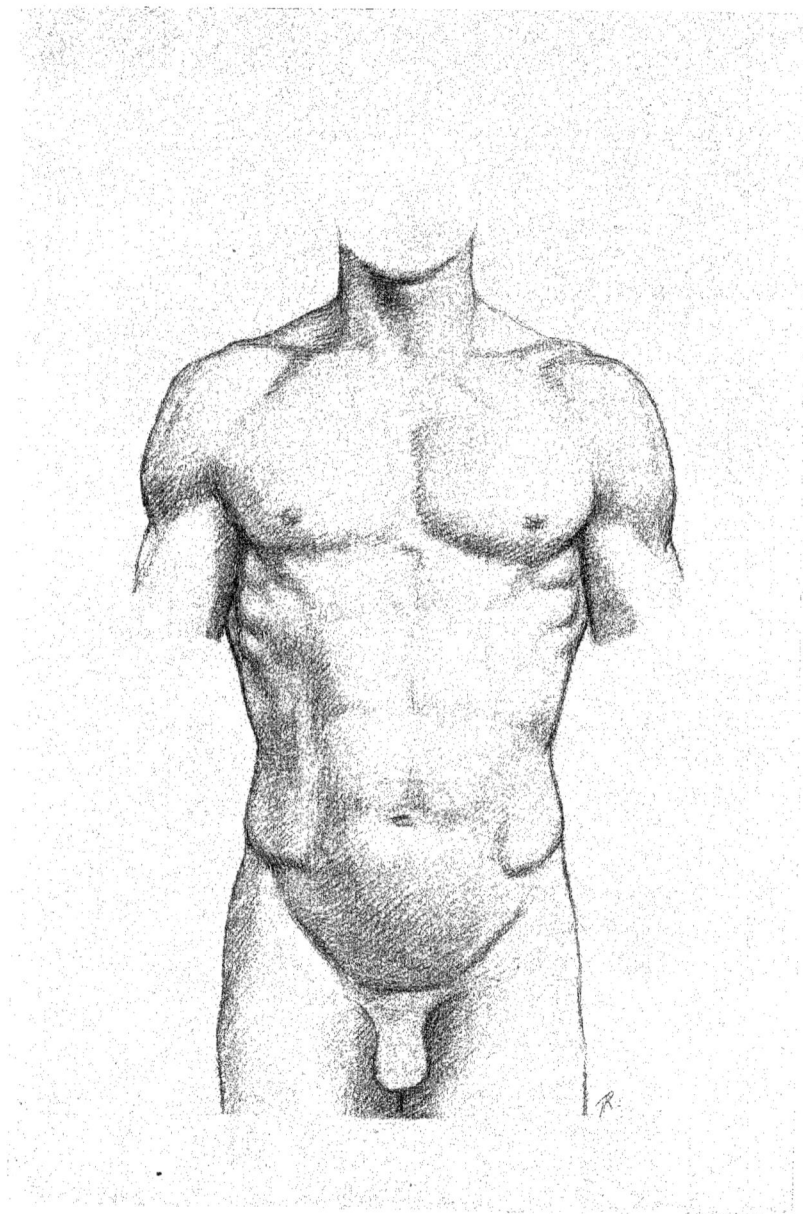

Dr Paul Richer del.

PLAN ANTÉRIEUR.

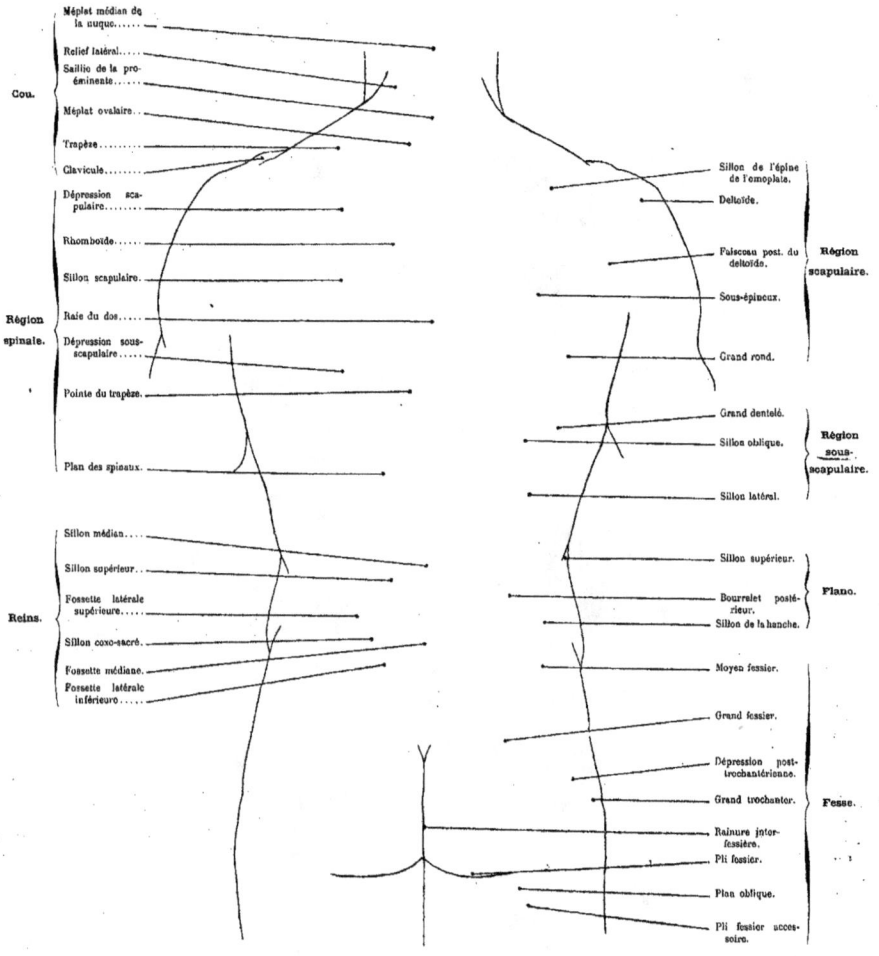

Cou.

Méplat médian de la nuque......

Relief latéral....

Saillie de la pro-éminente.....

Méplat ovalaire..

Trapèze........

Clavicule.......

Région spinale.

Dépression sca-pulaire.......

Rhomboïde.....

Sillon scapulaire.

Raie du dos.....

Dépression sous-scapulaire.....

Pointe du trapèze.

Plan des spinaux.

Reins.

Sillon médian....

Sillon supérieur..

Fossette latérale supérieure....

Sillon coxo-sacré.

Fossette médiane.

Fossette latérale inférieure.....

Sillon de l'épine de l'omoplate.

Deltoïde.

Faisceau post. du deltoïde.

Sous-épineux.

Grand rond.

Région scapulaire.

Grand dentelé.

Sillon oblique.

Sillon latéral.

Région sous-scapulaire.

Sillon supérieur.

Bourrelet posté-rieur.

Sillon de la hanche.

Flanc.

Moyen fessier.

Grand fessier.

Dépression post-trochantérienne.

Grand trochanter.

Fesse.

Rainure inter-fessière.

Pli fessier.

Plan oblique.

Pli fessier acces-soire.

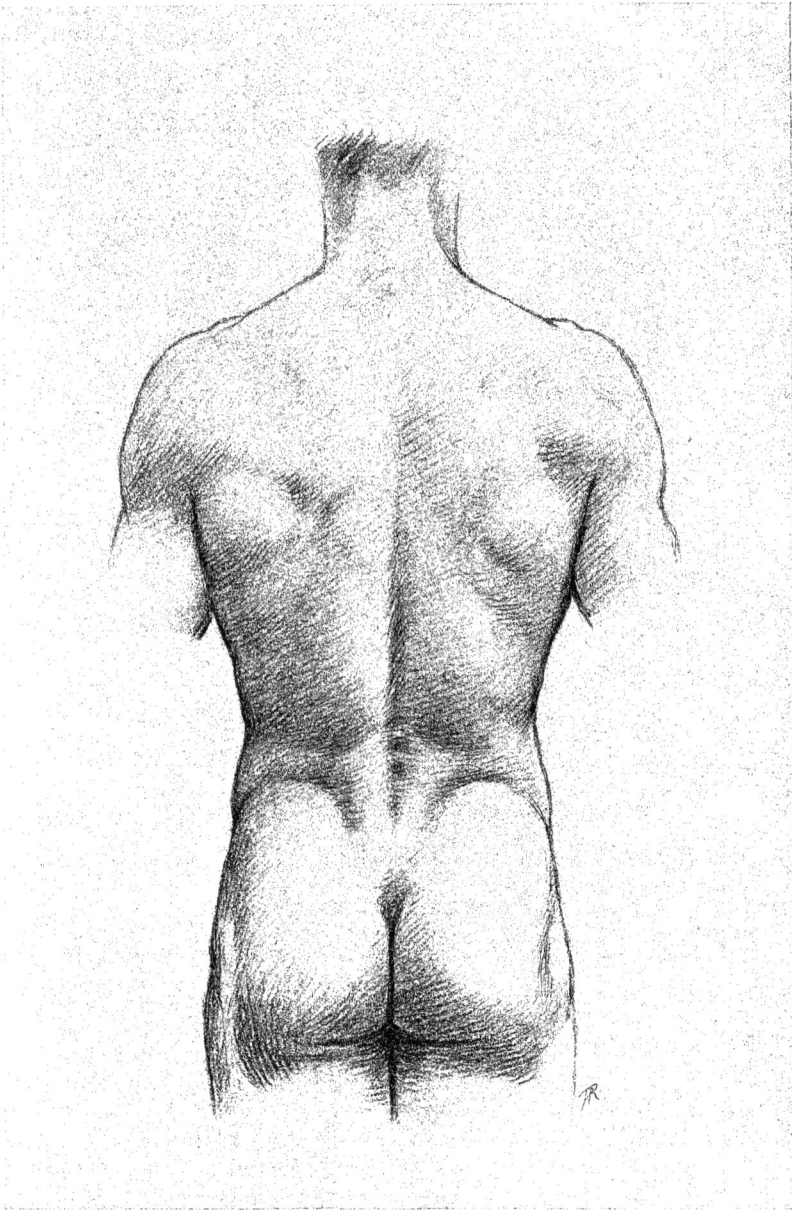

PLAN POSTÉRIEUR.

Dr Paul Richer del.

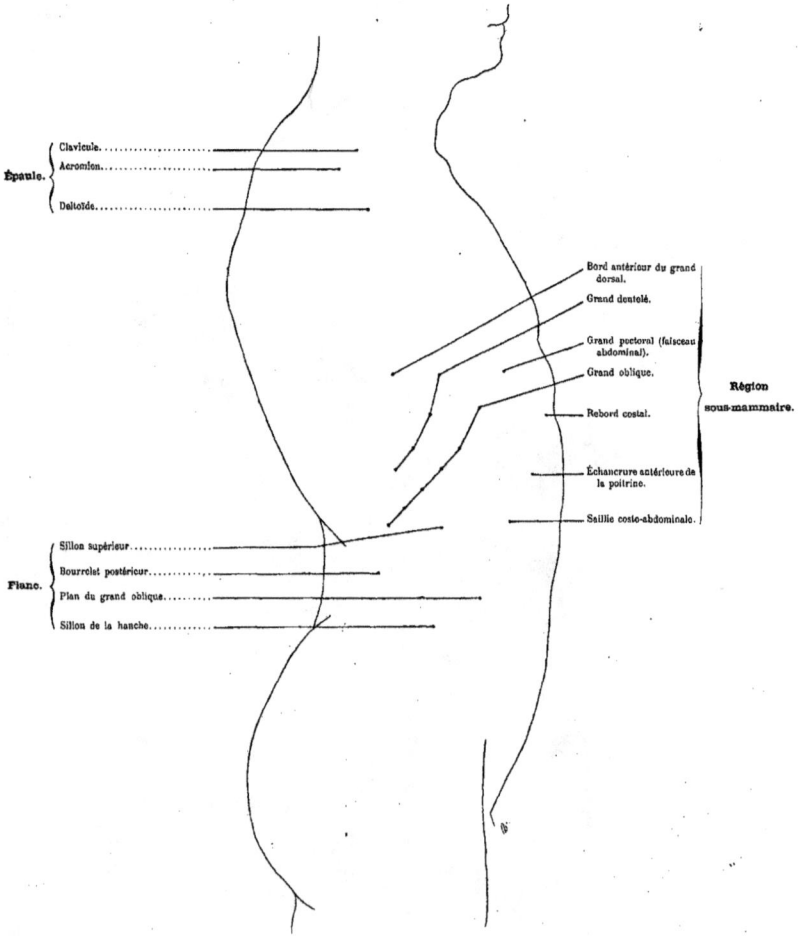

Épaule. {
  Clavicule.......................
  Acromion........................
  Deltoïde........................
}

Bord antérieur du grand
dorsal.

Grand dentelé.

Grand pectoral (faisceau
abdominal).

Grand oblique.

Rebord costal.

Région
sous-mammaire.

Échancrure antérieure de
la poitrine.

Saillie costo-abdominale.

Flanc. {
  Sillon supérieur................
  Bourrelet postérieur............
  Plan du grand oblique..........
  Sillon de la hanche............
}

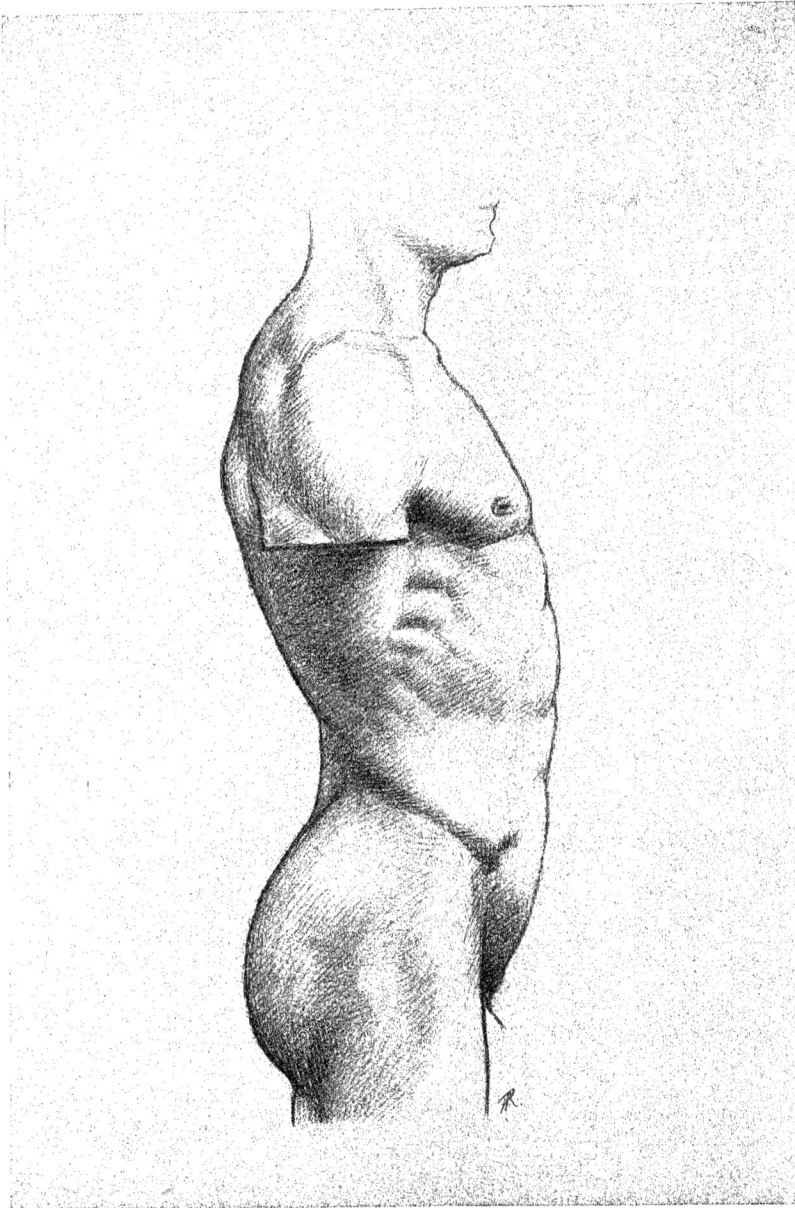

PLAN LATÉRAL.

Dr Paul Richer del.

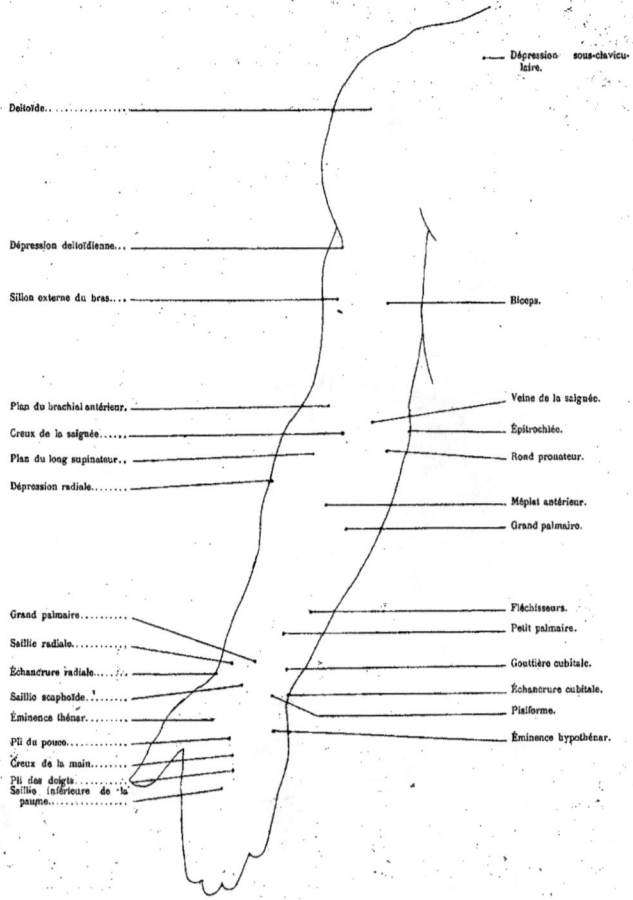

Dépression sous-claviculaire.

Deltoïde..............

Dépression deltoïdienne...

Sillon externe du bras....

Bicops.

Plan du brachial antérieur,

Veine de la saignée.

Creux de la saignée......

Épitrochlée.

Plan du long supinateur.,

Rond pronateur.

Dépression radiale.......

Méplat antérieur.

Grand palmaire.

Grand palmaire..........

Fléchisseurs.

Saillie radiale...........

Petit palmaire.

Échancrure radiale....../..

Gouttière cubitale.

Saillie scaphoïde.'......

Échancrure cubitale.

Éminence thénar.........

Pisiforme.

Pli du pouce...........

Éminence hypothénar.

Creux de la main.......

Pli des doigts............
Saillie inférieure de 'la'
    paume................

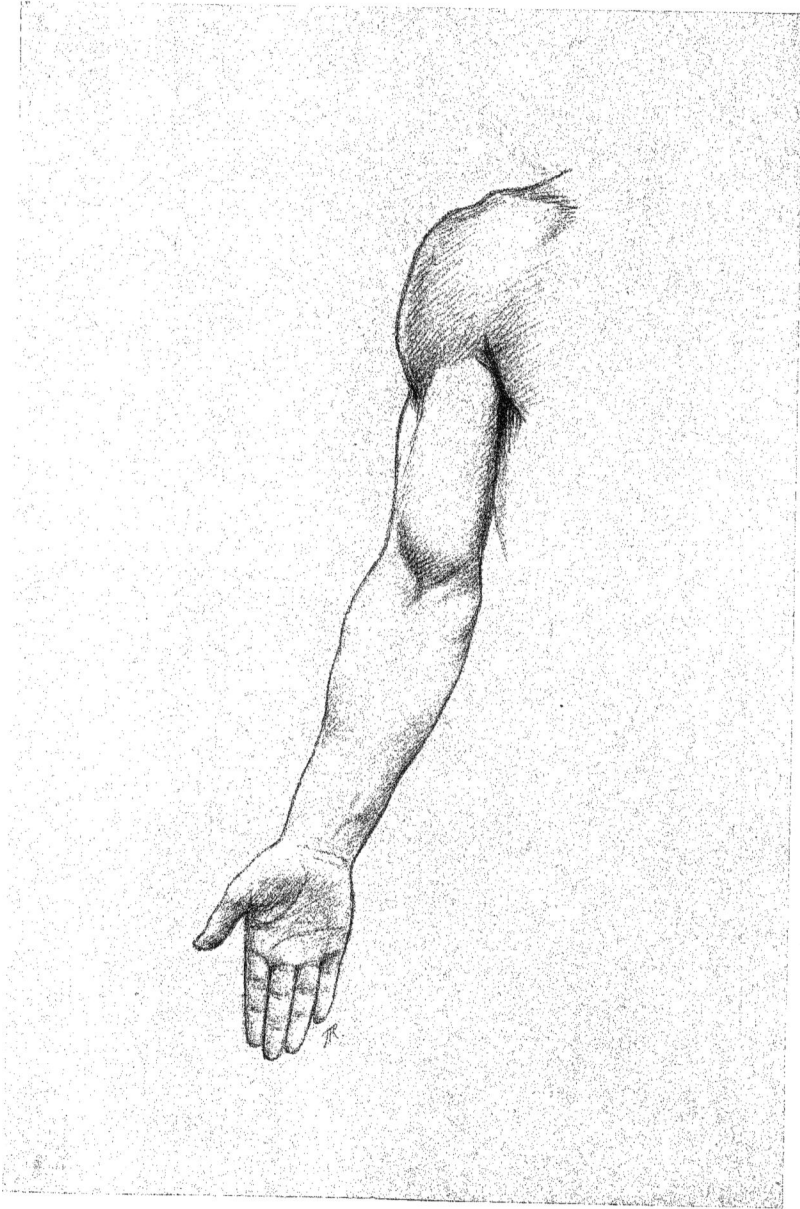

PLAN ANTÉRIEUR.

Dr Paul Richer del.

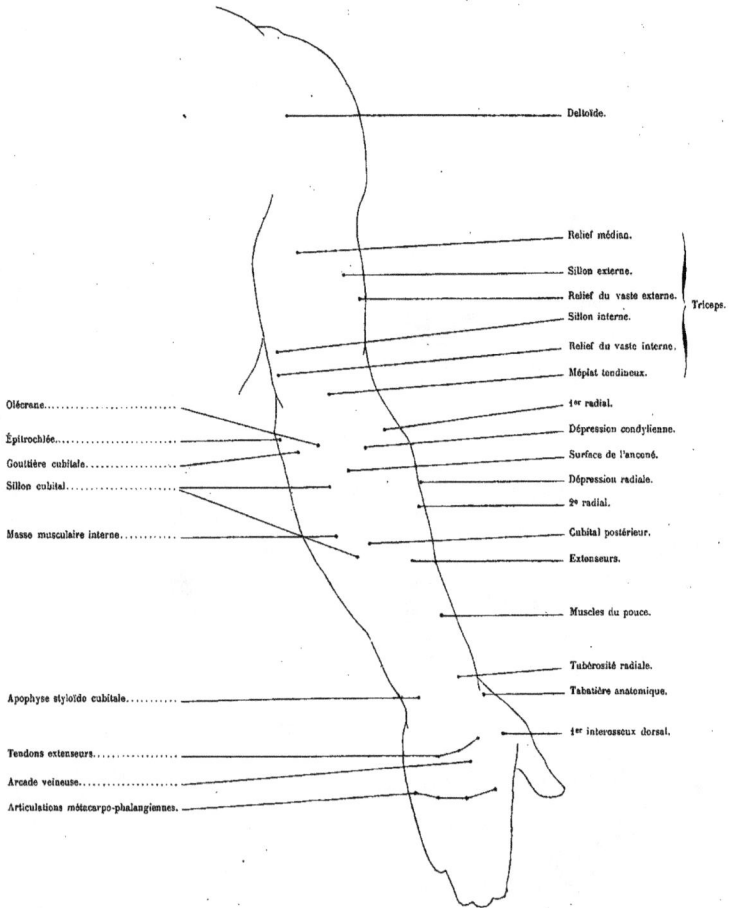

Deltoïde.

Relief médian.
Sillon externe.
Relief du vaste externe.
Sillon interne.
Relief du vaste interne.
Méplat tendineux.

Triceps.

Olécrane........................
Épitrochlée........................
Gouttière cubitale.................
Sillon cubital.....................

Masse musculaire interne...........

Apophyse styloïde cubitale...........

Tendons extenseurs..................
Arcade veineuse....................
Articulations métacarpo-phalangiennes. —

1er radial.
Dépression condylienne.
Surface de l'anconé.
Dépression radiale.
2e radial.
Cubital postérieur.
Extenseurs.

Muscles du pouce.

Tubérosité radiale.
Tabatière anatomique.

1er interosseux dorsal.

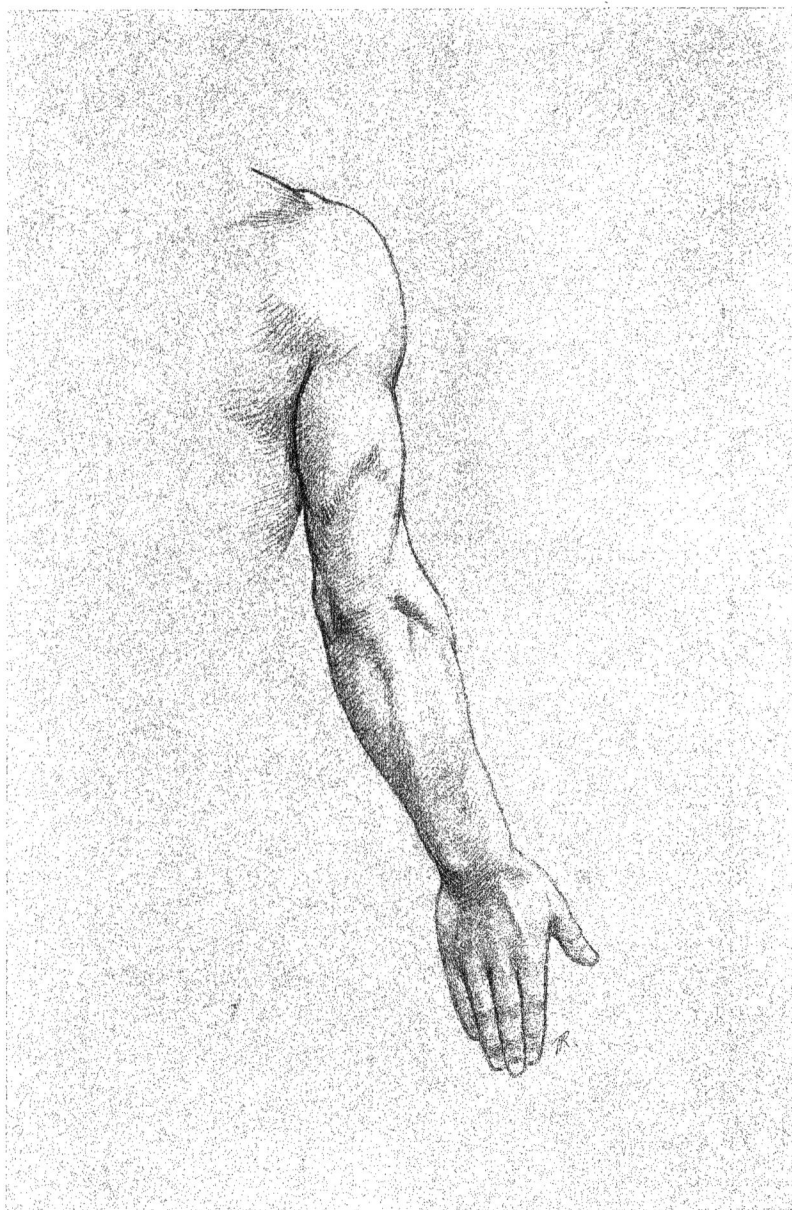

PLAN POSTÉRIEUR.

Dr Paul Richer del.

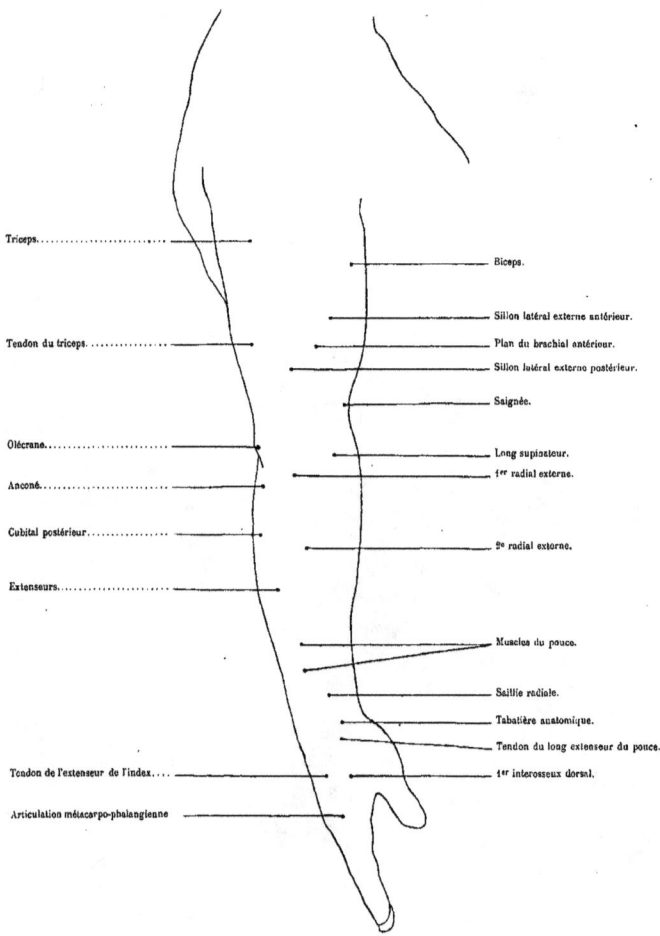

Triceps..........................

Tendon du triceps ...............

Olécrane..........................

Anconé...........................

Cubital postérieur................

Extenseurs........................

Tendon de l'extenseur de l'index....

Articulation métacarpo-phalangienne

Biceps.

Sillon latéral externe antérieur.

Plan du brachial antérieur.

Sillon latéral externe postérieur.

Saignée.

Long supinateur.

1er radial externe.

2e radial externe.

Muscles du pouce.

Saillie radiale.

Tabatière anatomique.

Tendon du long extenseur du pouce.

1er interosseux dorsal.

Dr Paul Richer del.                                PLAN LATÉRAL EXTERNE.

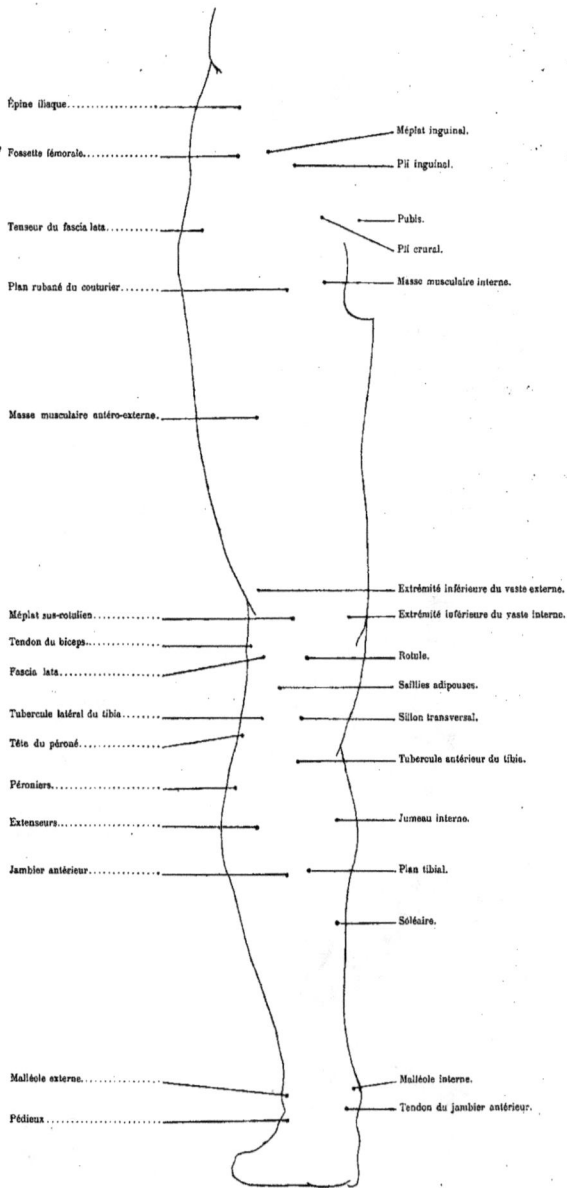

Épine iliaque.................•                         Méplat inguinal.

Fossette fémorale................•                 Pli inguinal.

Tenseur du fascia lata...........•            Pubis.

                         Pli crural.

Plan rubané du couturier.......•             Masse musculaire interne.

Masse musculaire antéro-externe.  

Méplat sus-rotulien.............•           Extrémité inférieure du vaste externe.

Tendon du biceps................•           Extrémité inférieure du vaste interne.

Fascia lata.....................•           Rotule.

                         Saillies adipeuses.

Tubercule latéral du tibia.......•         Sillon transversal.

Tête du péroné..................•         Tubercule antérieur du tibia.

Péroniers......................•        

Extenseurs.....................•        Jumeau interne.

Jambier antérieur..............•        Plan tibial.

                         Soléaire.

Malléole externe................•        Malléole interne.

Pédieux .......................•        Tendon du jambier antérieur.

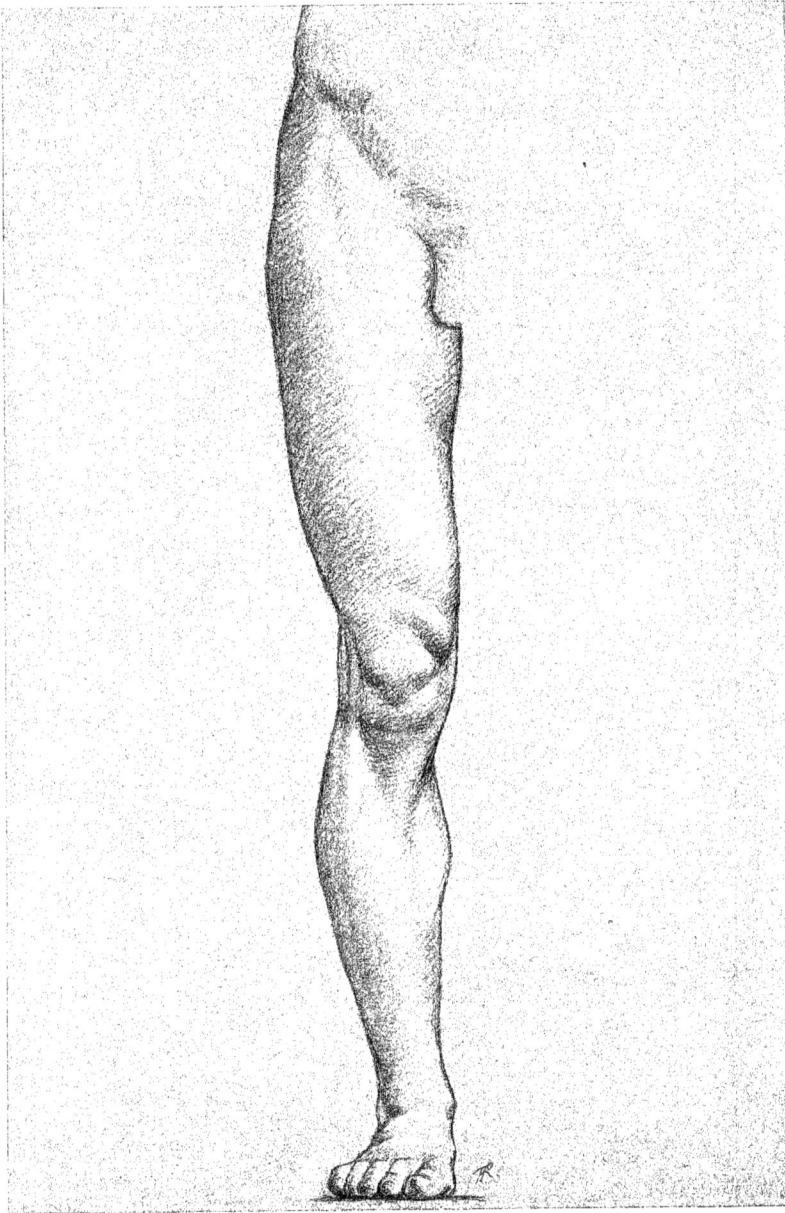

PLAN ANTÉRIEUR.

Dr Paul Richer del.

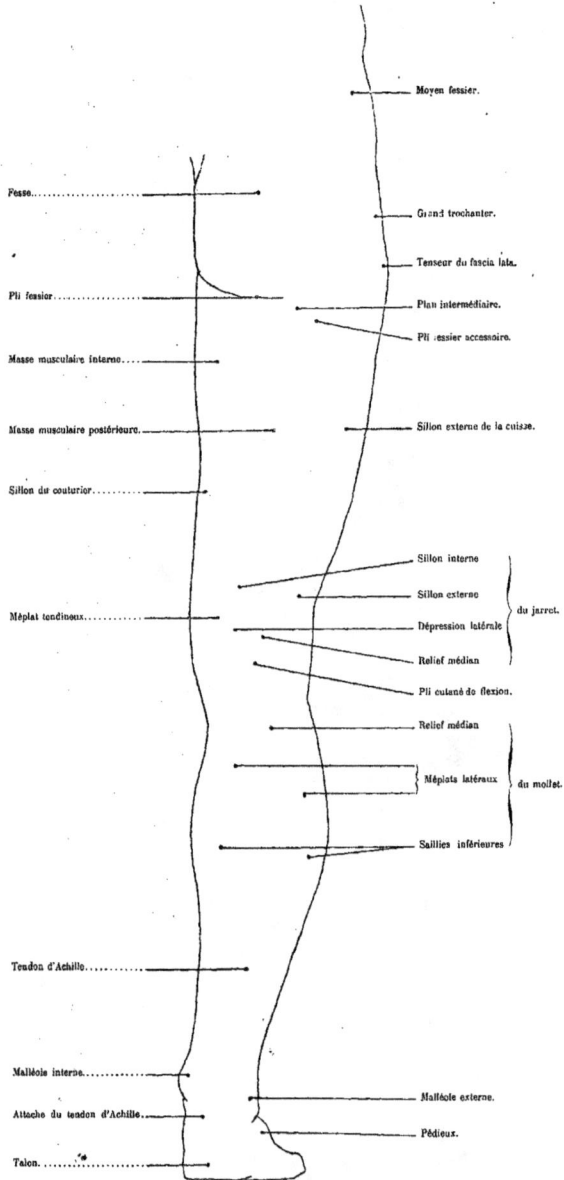

Moyen fessier.

Fesse..................

Grand trochanter.

Tenseur du fascia lata.

Pli fessier...............

Plan intermédiaire.

Pli fessier accessoire.

Masse musculaire interne....

Masse musculaire postérieure..........

Sillon externe de la cuisse.

Sillon du couturier..........

Sillon interne

Sillon externe
⎫
⎬ du jarret.
⎭

Méplat tendineux............

Dépression latérale

Relief médian

Pli cutané de flexion.

Relief médian
⎫
⎬ du mollet.
⎭

Méplats latéraux

Saillies inférieures

Tendon d'Achille...........

Malléole interne.............

Malléole externe.

Attache du tendon d'Achille..

Pédieux.

Talon................

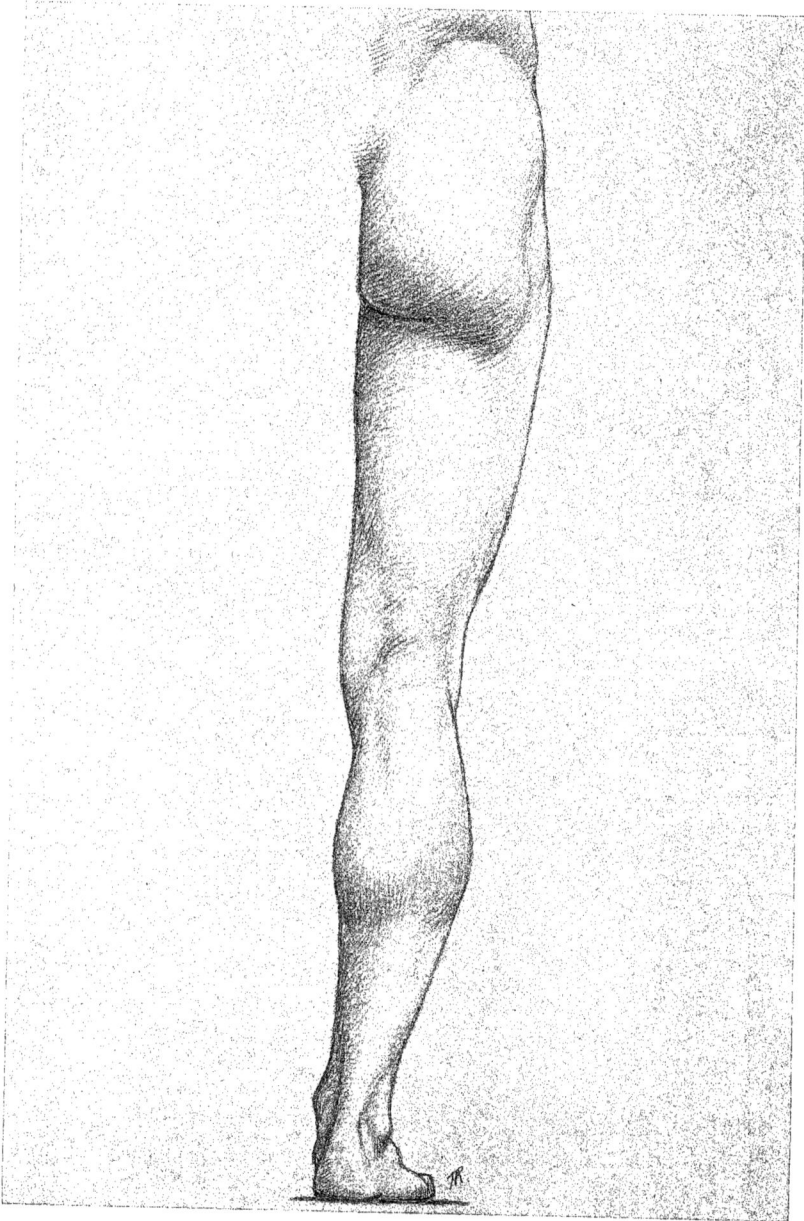

PLAN POSTÉRIEUR.

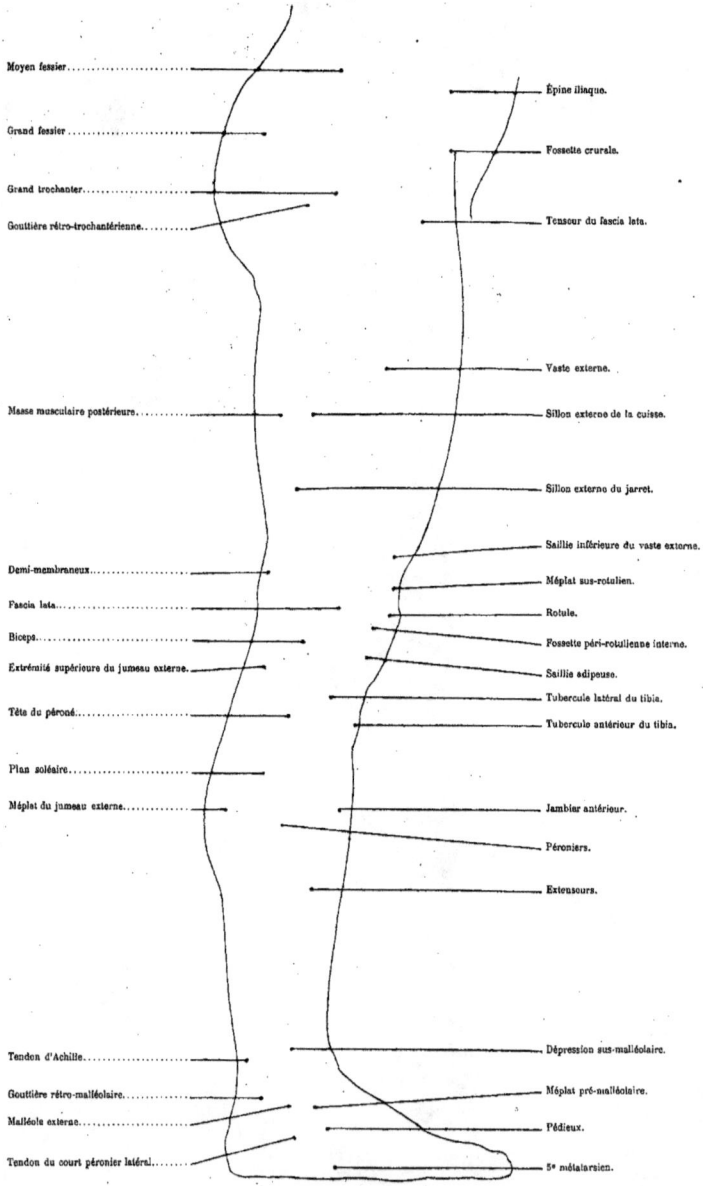

Moyen fessier...................................  
Grand fessier...................................  
Grand trochanter...............................  
Gouttière rétro-trochantérienne...............  

Masse musculaire postérieure..................  

Demi-membraneux..............................  
Fascia lata....................................  
Biceps........................................  
Extrémité supérieure du jumeau externe.......  
Tête du péroné................................  

Plan soléaire..................................  
Méplat du jumeau externe.....................  

Tendon d'Achille..............................  
Gouttière rétro-malléolaire....................  
Malléole externe...............................  
Tendon du court péronier latéral..............  

Épine iliaque.  
Fossette crurale.  
Tenseur du fascia lata.  

Vaste externe.  
Sillon externe de la cuisse.  

Sillon externe du jarret.  

Saillie inférieure du vaste externe.  
Méplat sus-rotulien.  
Rotule.  
Fossette péri-rotulienne interne.  
Saillie adipeuse.  
Tubercule latéral du tibia.  
Tubercule antérieur du tibia.  

Jambier antérieur.  
Péroniers.  
Extenseurs.  

Dépression sus-malléolaire.  
Méplat pré-malléolaire.  
Pédieux.  
5e métatarsien.

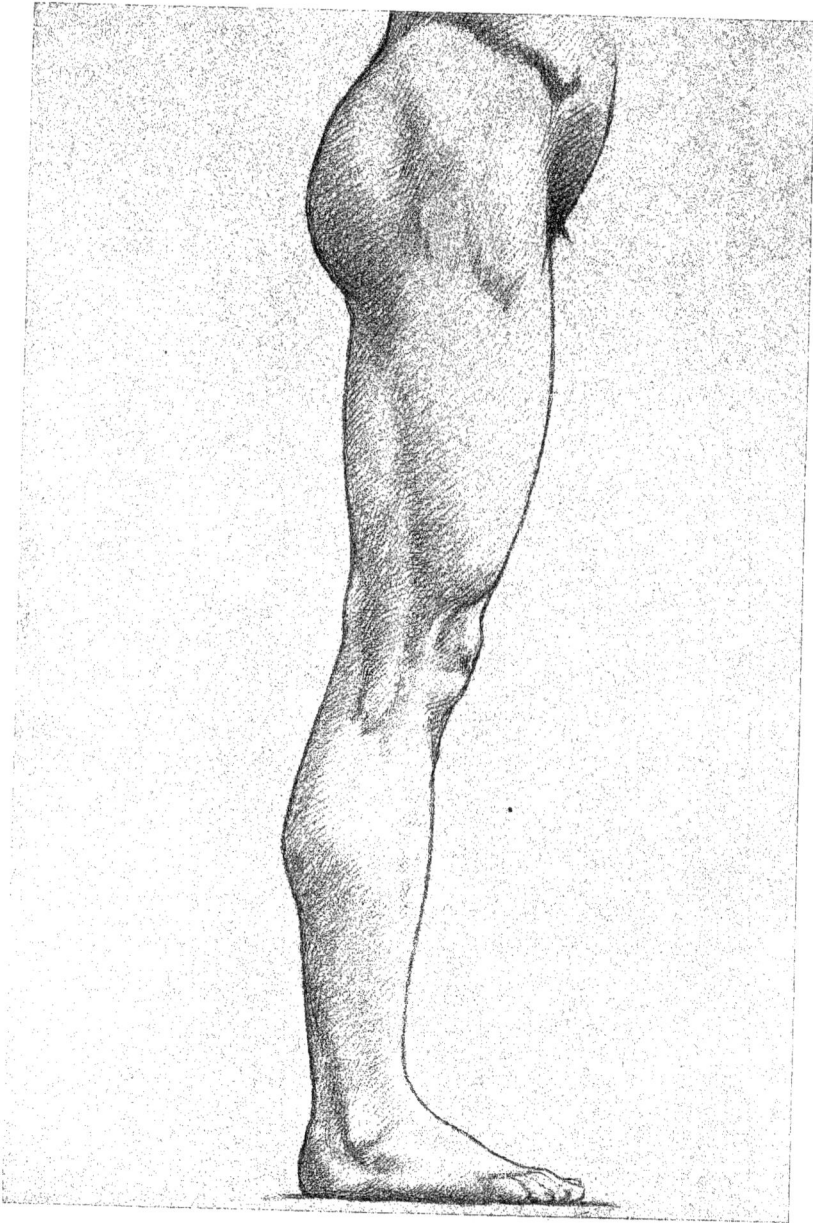

Dr Paul Richer del.

PLAN LATÉRAL EXTERNE.

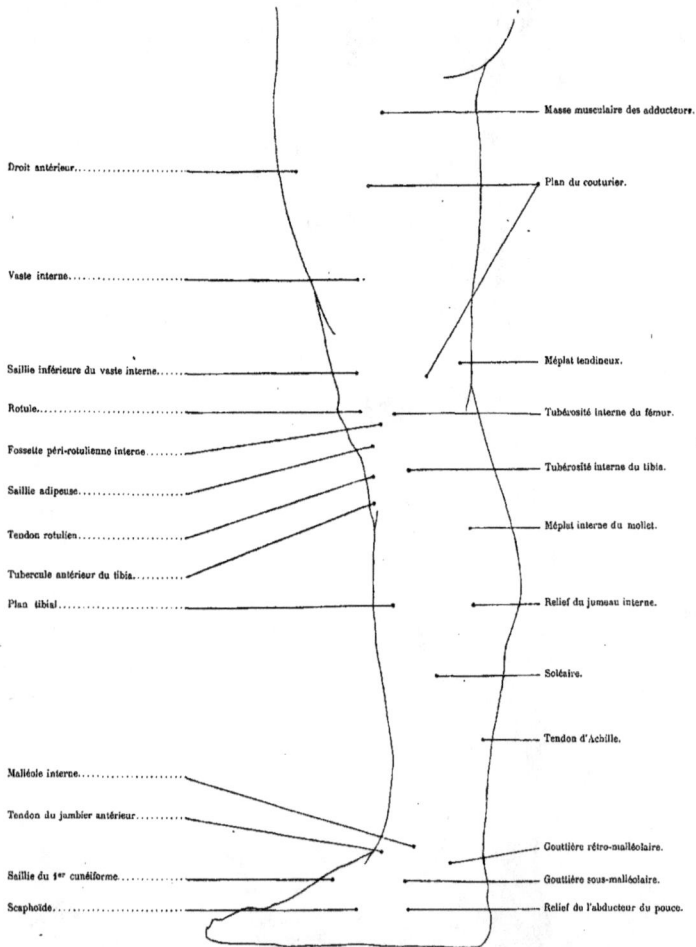

Masse musculaire des adducteurs.

Droit antérieur..........................

Plan du couturier.

Vaste interne.........................

Méplat tendineux.

Saillie inférieure du vaste interne......

Tubérosité interne du fémur.

Rotule................................

Fossette péri-rotulienne interne........

Tubérosité interne du tibia.

Saillie adipeuse.....................

Méplat interne du mollet.

Tendon rotulien....................

Tubercule antérieur du tibia..........

Plan tibial......................

Relief du jumeau interne.

Soléaire.

Tendon d'Achille.

Malléole interne......................

Tendon du jambier antérieur..........

Gouttière rétro-malléolaire.

Saillie du 1er cunéiforme............

Gouttière sous-malléolaire.

Scaphoïde.......................

Relief de l'abducteur du pouce.

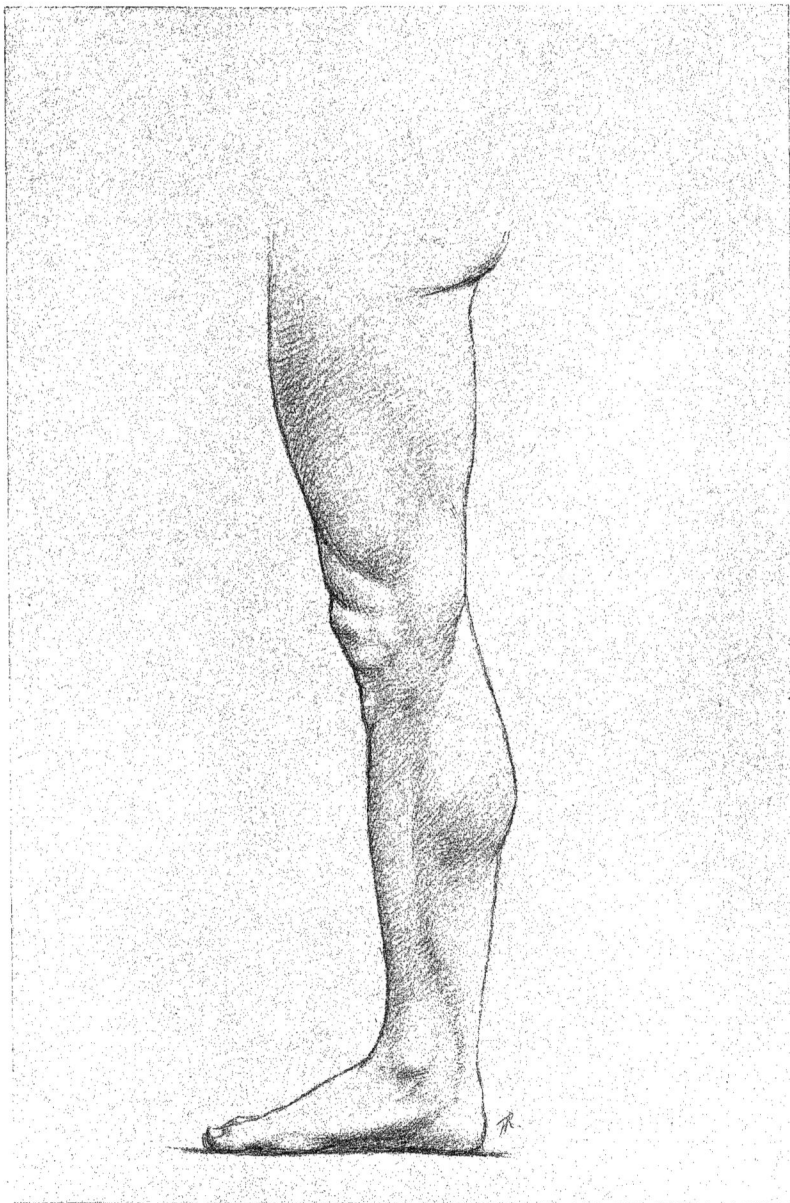

PLAN LATÉRAL INTERNE.

Dʳ Paul Richer del.

## MOUVEMENTS DE LA TÊTE ET DU COU

Fig. 1. — Flexion.

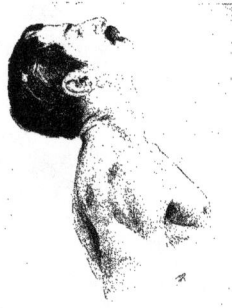

Fig. 2. — Extension.

Pl. 87 bis.

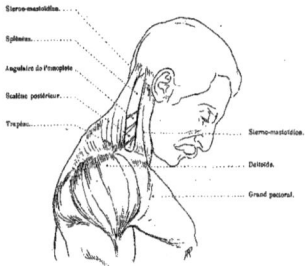

Sterno-mastoïdien.
Splénius.
Angulaire de l'omoplate.
Scalène postérieur.
Trapèze.

Sterno-mastoïdien.
Deltoïde.
Grand pectoral.

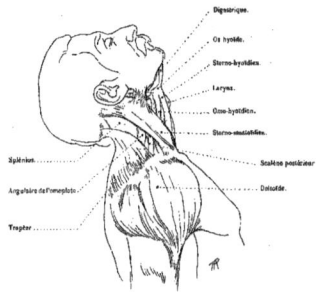

Digastrique.
Os hyoïde.
Sterno-hyoïdien.
Larynx.
Omo-hyoïdien.
Sterno-mastoïdien.

Splénius.
Angulaire de l'omoplate.
Trapèze.

Scalène postérieur.
Deltoïde.

## MOUVEMENTS DE LA TÊTE ET DU COU (SUITE)

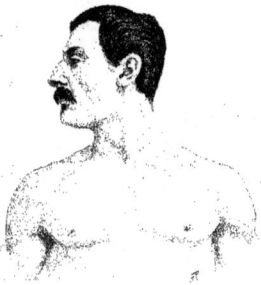

FIG. 1. — ROTATION.

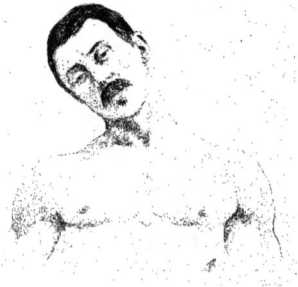

FIG. 2. — INCLINAISON LATÉRALE.

Pl. 88 bis.

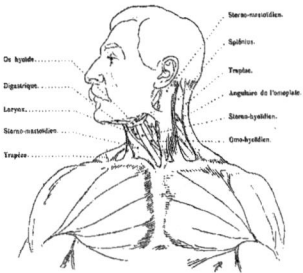

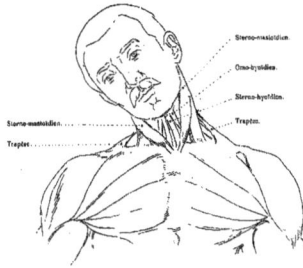

MODIFICATIONS DES FORMES EXTÉRIEURES DU TRONC DANS LES MOUVEMENTS DE L'ÉPAULE

PLAN POSTÉRIEUR.

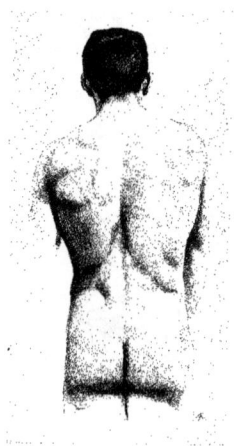

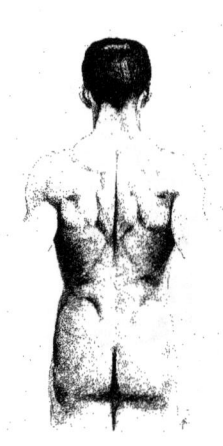

Pl. 89 *bis.*

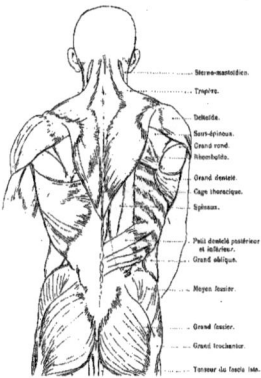

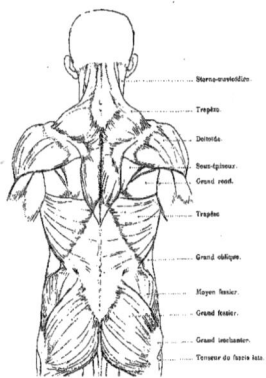

Pl. 90 bis.

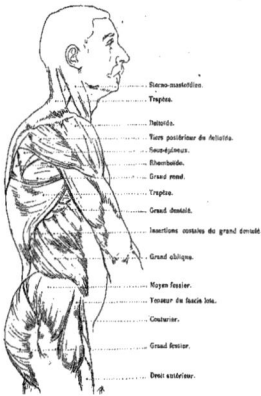

Sterno-mastoïdien.
Trapèze.

Deltoïde.
Tiers postérieur du deltoïde.
Sous-épineux.
Rhomboïde.
Grand rond.
Trapèze.
Grand dentelé.
Insertions costales du grand dentelé.

Grand oblique.

Moyen fessier.
Tenseur du fascia lata.
Couturier.

Grand fessier.

Droit antérieur.

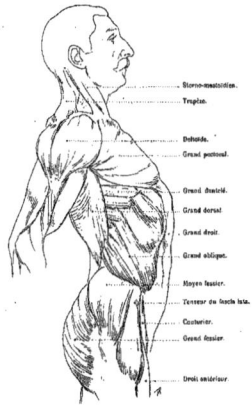

Sterno-mastoïdien.
Trapèze.

Deltoïde.
Grand pectoral.

Grand dentelé.
Grand dorsal.
Grand droit.
Grand oblique.

Moyen fessier.
Tenseur du fascia lata.
Couturier.
Grand fessier.

Droit antérieur.

MODIFICATIONS DES FORMES EXTÉRIEURES DU TRONC DANS LES MOUVEMENTS DU BRAS

PLAN ANTÉRIEUR.

Pl. 91 bis.

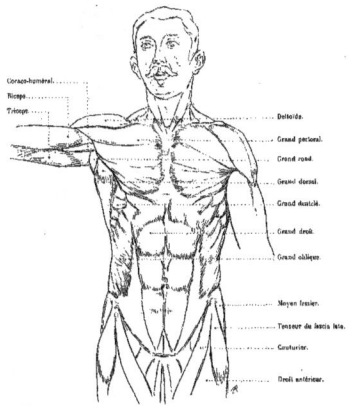

Coraco-huméral.
Biceps.
Triceps.

Deltoïde.
Grand pectoral.
Grand rond.
Grand dorsal.
Grand dentelé.
Grand droit.
Grand oblique.

Moyen fessier.
Tenseur du fascia lata.
Couturier.
Droit antérieur.

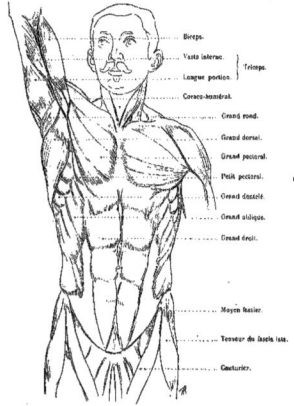

Biceps.
Vaste interne.
Longue portion.
Triceps.
Coraco-huméral.
Grand rond.
Grand dorsal.
Grand pectoral.
Petit pectoral.
Grand dentelé.
Grand oblique.
Grand droit.

Moyen fessier.
Tenseur du fascia lata.
Couturier.

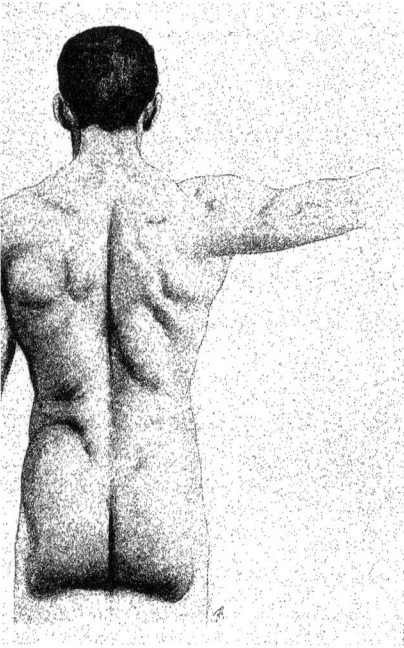

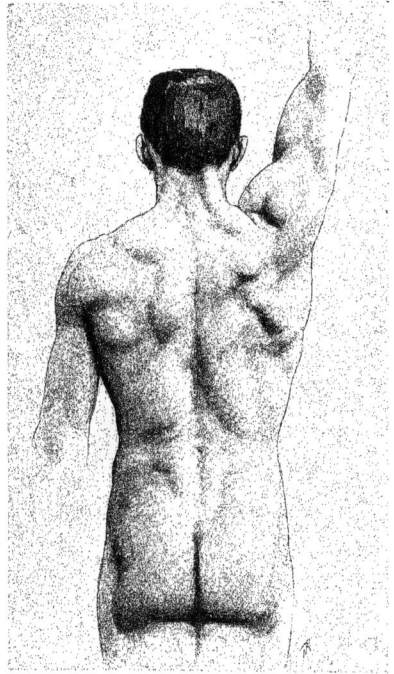

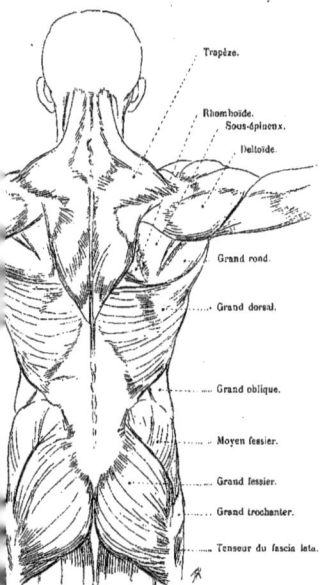

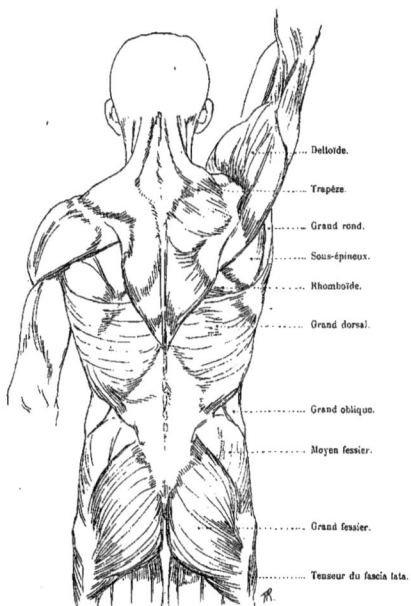

Trapèze.

Rhomboïde.
Sous-épineux.

Deltoïde.

Grand rond.

Grand dorsal.

Grand oblique.

Moyen fessier.

Grand fessier.

Grand trochanter.

Tenseur du fascia lata.

Deltoïde.

Trapèze.

Grand rond.

Sous-épineux.

Rhomboïde.

Grand dorsal.

Grand oblique.

Moyen fessier.

Grand fessier.

Tenseur du fascia lata.

Pl. 92 bis.

# MODIFICATIONS DES FORMES EXTÉRIEURES DU TRONC DANS LES MOUVEMENTS DU BRAS (SUITE)

## PLAN LATÉRAL.

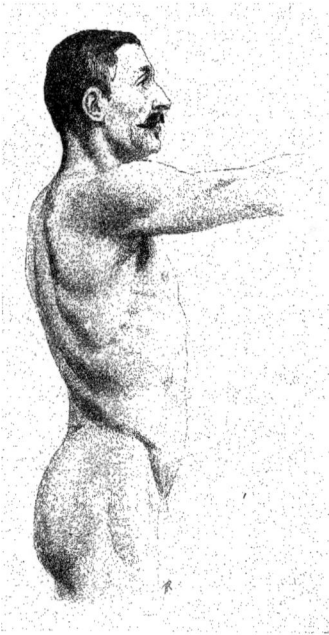

FIG. 1. — LE BRAS ÉTENDU HORIZONTALEMENT EN AVANT.

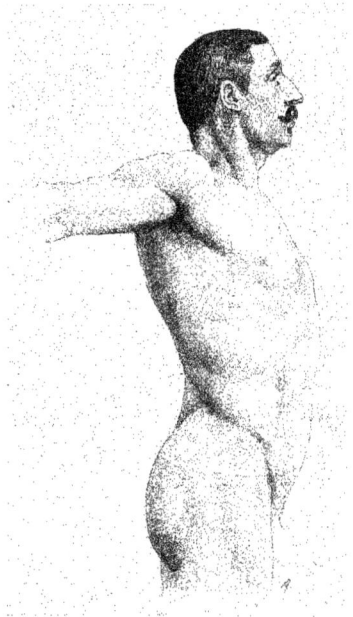

FIG. 2. — LE BRAS ÉTENDU HORIZONTALEMENT EN ARRIÈRE.

Pl. 93 *bis.*

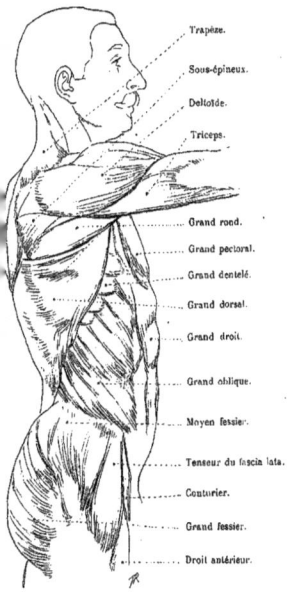

Trapèze.

Sous-épineux.

Deltoïde.

Triceps.

Grand rond.

Grand pectoral.

Grand dentelé.

Grand dorsal.

Grand droit.

Grand oblique.

Moyen fessier.

Tenseur du fascia lata.

Couturier.

Grand fessier.

Droit antérieur.

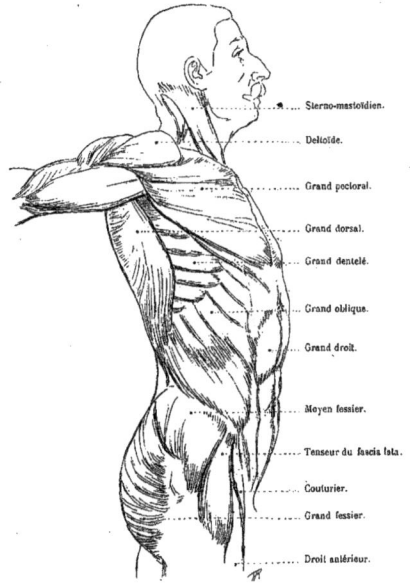

Sterno-mastoïdien.

Deltoïde.

Grand pectoral.

Grand dorsal.

Grand dentelé.

Grand oblique.

Grand droit.

Moyen fessier.

Tenseur du fascia lata.

Couturier.

Grand fessier.

Droit antérieur.

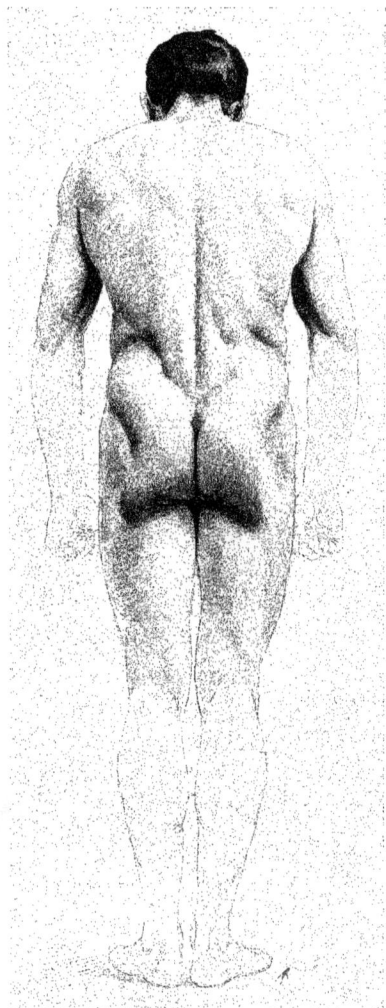

FLEXION LÉGÈRE.

Pl. **94** *bis.*

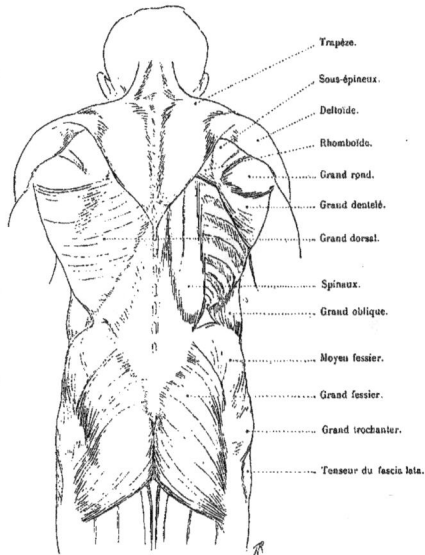

Trapèze.

Sous-épineux.

Deltoïde.

Rhomboïde.

Grand rond.

Grand dentelé.

Grand dorsal.

Spinaux.

Grand oblique.

Moyen fessier.

Grand fessier.

Grand trochanter.

Tenseur du fascia lata.

Nota. — Dans ce croquis, le grand dorsal du côté droit a été complètement enlevé,
afin de laisser voir les muscles profonds.

Flexion forcée.

Dr Paul Richer del.

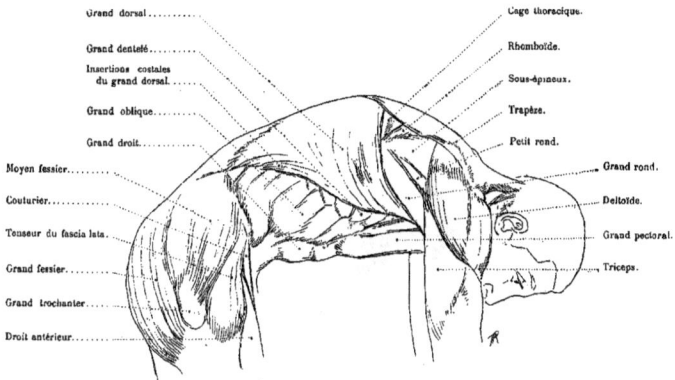

Grand dorsal..........
Grand dentelé..........
Insertions costales
du grand dorsal......
Grand oblique..........
Grand droit..........
Moyen fessier..........
Couturier..............
Tenseur du fascia lata.
Grand fessier..........
Grand trochanter......
Droit antérieur..........

Cage thoracique.
Rhomboïde.
Sous-épineux.
Trapèze.
Petit rond.
Grand rond.
Deltoïde.
Grand pectoral.
Triceps.

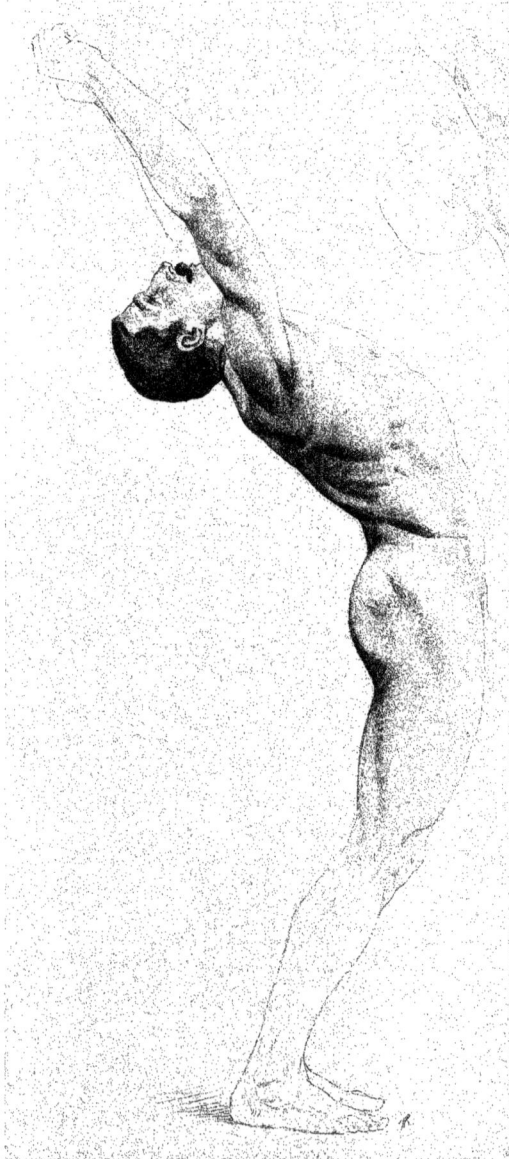

EXTENSION.

Dr Paul Richer del.

Pl. 96 *bis*.

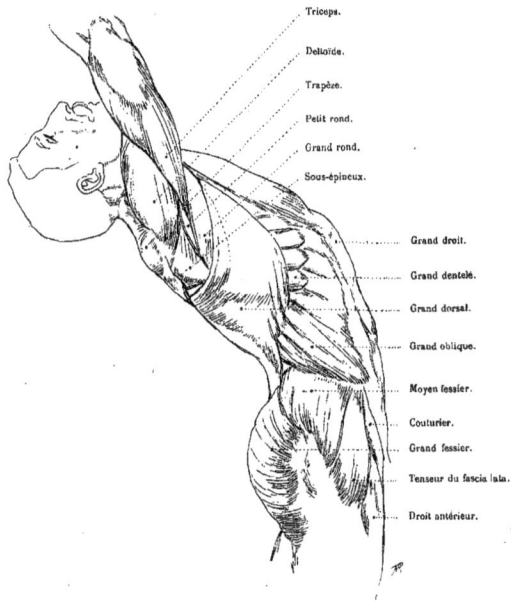

Triceps.

Deltoïde.

Trapèze.

Petit rond.

Grand rond.

Sous-épineux.

Grand droit.

Grand dentelé.

Grand dorsal.

Grand oblique.

Moyen fessier.

Couturier.

Grand fessier.

Tenseur du fascia lata.

Droit antérieur.

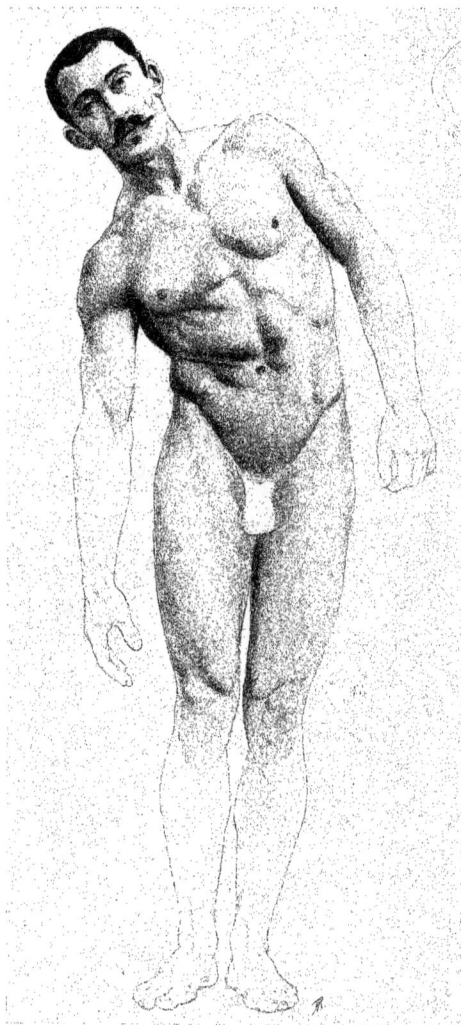

INCLINAISON LATÉRALE (Plan antérieur).

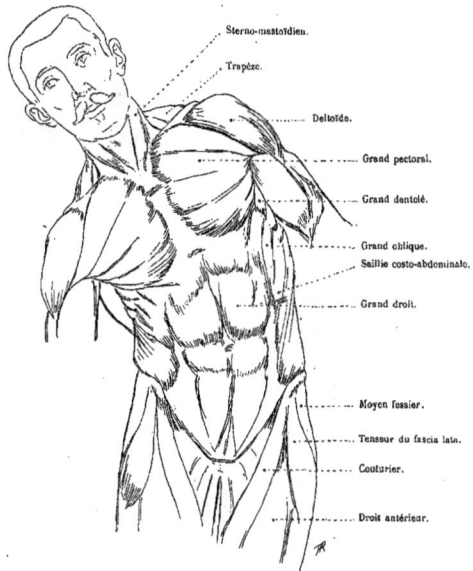

Sterno-mastoïdien.

Trapèze.

Deltoïde.

Grand pectoral.

Grand dentelé.

Grand oblique.
Saillie costo-abdominale.

Grand droit.

Moyen fessier.

Tenseur du fascia lata.

Couturier.

Droit antérieur.

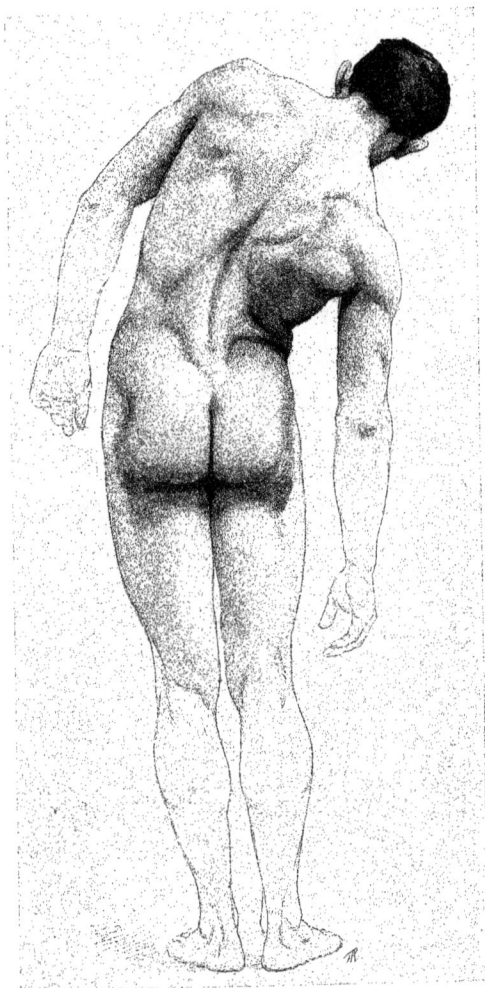

INCLINAISON LATÉRALE (Plan postérieur).

Dr Paul Richer del.

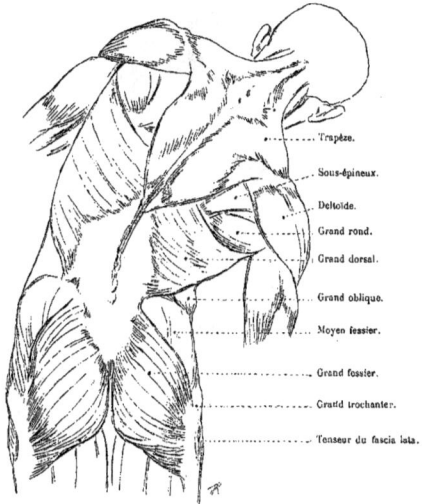

Trapèze.

Sous-épineux.

Deltoïde.

Grand rond.

Grand dorsal.

Grand oblique.

Moyen fessier.

Grand fessier.

Grand trochanter.

Tenseur du fascia lata.

ROTATION (vers la droite).

Dr Paul Richer del.

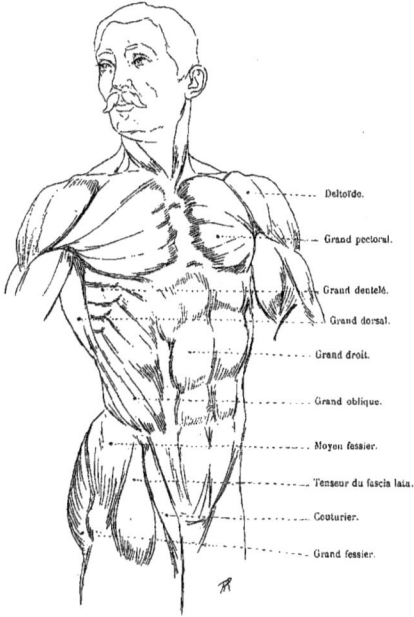

- Deltoïde.
- Grand pectoral.
- Grand dentelé.
- Grand dorsal.
- Grand droit.
- Grand oblique.
- Moyen fessier.
- Tenseur du fascia lata.
- Couturier.
- Grand fessier.

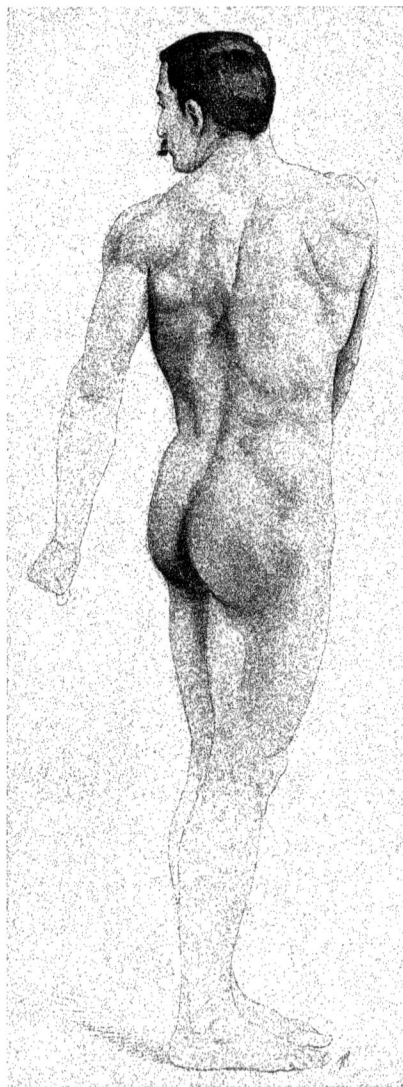

Rotation (vers la gauche).

Dr Paul Richer del.

Trapèze.

Deltoïde.

Sous-épineux.

Grand rond.

Rhomboïde.

Grand dentelé.

Spinaux.

Petit dentelé postérieur
et inférieur.

Grand oblique.

Moyen fessier.

Tenseur du fascia lata.

Grand fessier.

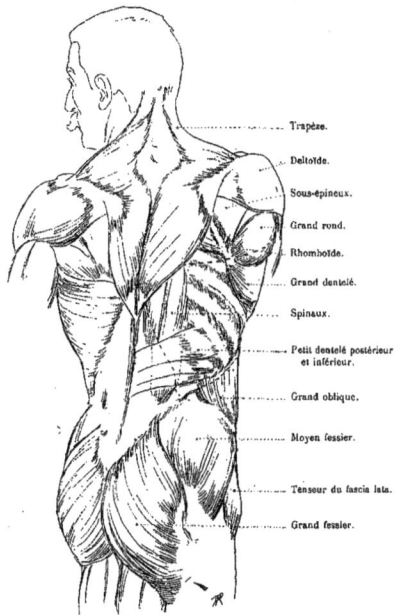

NOTA. — Dans ce croquis anatomique, le grand dorsal du côté droit a été enlevé.
Les traits discontinus indiquent la place qu'occuperait son corps charnu.

MOUVEMENTS DU MEMBRE SUPÉRIEUR

PLAN ANTÉRIEUR.

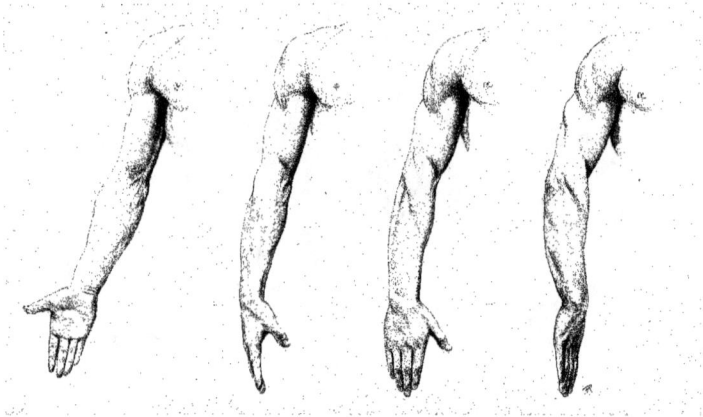

Pl. 101 bis.

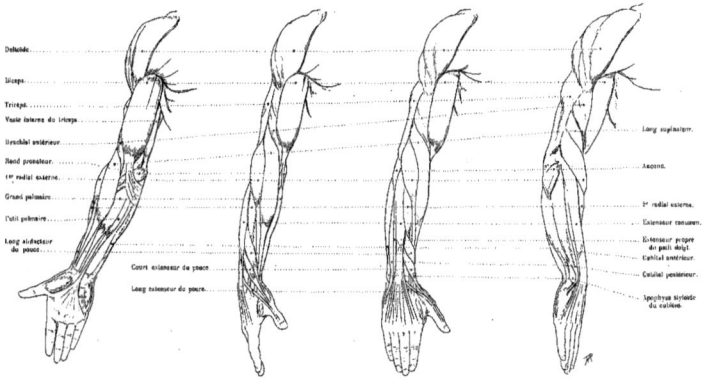

Deltoïde.

Biceps.

Triceps.

Voûte interne du triceps.

Brachial antérieur.

Rond pronateur.

1er radial externe.

Grand palmaire.

Petit palmaire.

Long abducteur
du pouce.

Court extenseur du pouce.

Long extenseur du pouce.

Long supinateur.

Anconé.

2e radial externe.

Extenseur commun.

Extenseur propre
du petit doigt.

Cubital antérieur.

Cubital postérieur.

Apophyse styloïde
du cubitus.

## MOUVEMENTS DU MEMBRE SUPÉRIEUR (SUITE)

PLAN POSTÉRIEUR

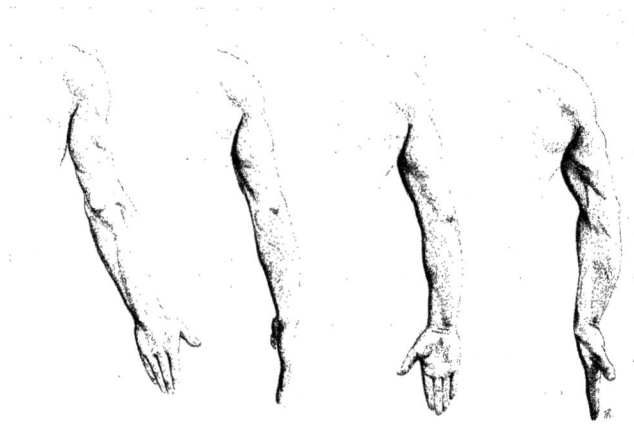

Pl. 102 bis.

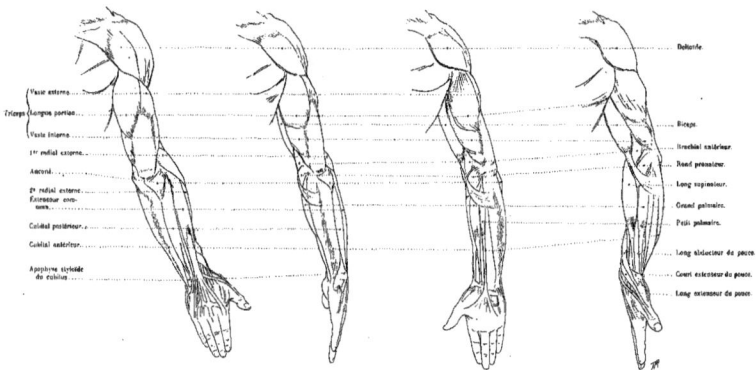

Deltoïde.

Vaste externe.

Triceps (longue portion).

Vaste interne.

1er radial externe.

Ancené.

2e radial externe.
Extenseur commun.

Cubital postérieur.

Cubital antérieur.

Apophyse styloïde
du cubitus.

Biceps.

Brachial antérieur.

Rond pronateur.

Long supinateur.

Grand palmaire.

Petit palmaire.

Long abducteur de pouce.

Court extenseur du pouce.

Long extenseur du pouce.

MOUVEMENTS DU MEMBRE SUPÉRIEUR (SUITE)
PLAN LATÉRAL EXTERNE.

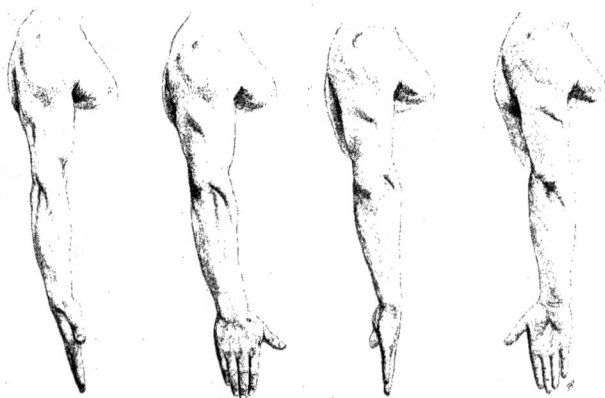

Pl. 103 bis.

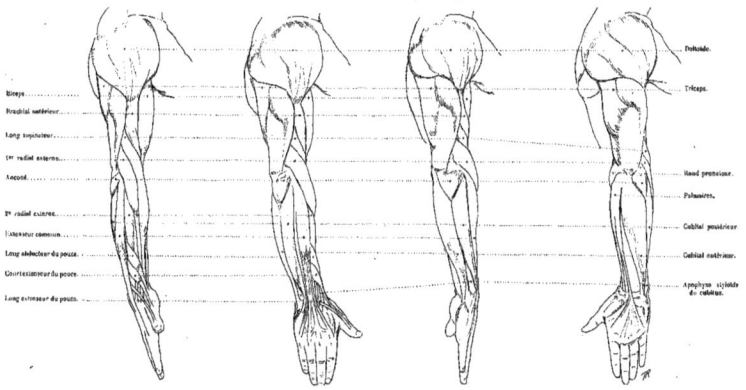

Deltoïde.

Triceps.

Biceps.

Brachial antérieur.

Long supinateur.

1er radial externe.

Anconé.

Rond pronateur.

Palmaires.

2e radial externe.

Extenseur commun.

Cubital postérieur.

Long abducteur du pouce.

Cubital antérieur.

Courtextenseur du pouce.

Apophyse styloïde du cubitus.

Long extenseur du pouce.

## MOUVEMENTS DU MEMBRE SUPÉRIEUR (SUITE)

### DIVERS DEGRÉS DE FLEXION.

FIG. 2. — FLEXION A ANGLE AIGU.

Pl. 104 bis.

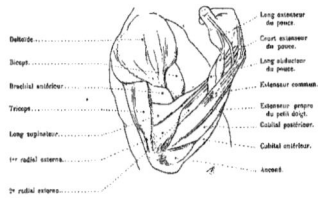

Deltoïde ............................... Long extenseur du pouce.

Biceps ................................. Court extenseur du pouce.

Brachial antérieur ................. Long abducteur du pouce.

Triceps ............................... Extenseur commun.

Long supinateur .................... Extenseur propre du petit doigt.

1er radial externe ................. Cubital postérieur.

2e radial externe ................... Cubital antérieur.

Anconé.

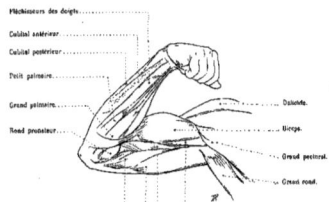

Fléchisseurs des doigts .............

Cubital antérieur ....................

Cubital postérieur ...................

Petit palmaire ........................

Grand palmaire ....................... Deltoïde.

Rond pronateur ...................... Biceps.

Grand pectoral.

Grand rond.

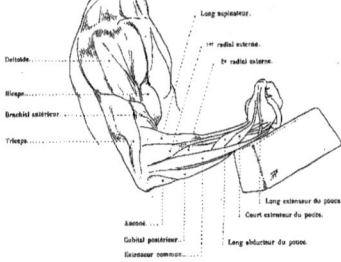

Deltoïde ............. Long supinateur.

1er radial externe.

2e radial externe.

Biceps ...............

Brachial antérieur ...

Triceps ...............

Long extenseur du pouce.

Court extenseur du pouce.

Anconé ...

Cubital postérieur ...

Extenseur commun ... Long abducteur du pouce.

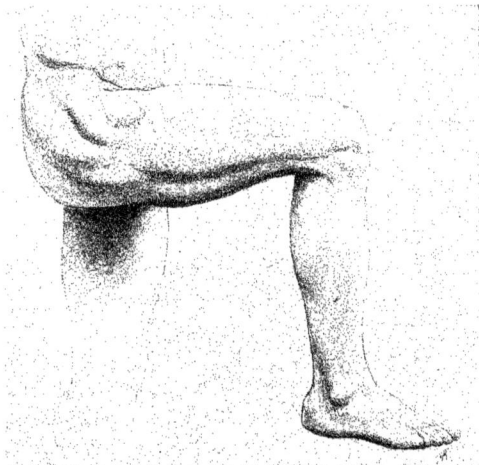

Fig. 1. — Flexion a angle droit (Plan externe).

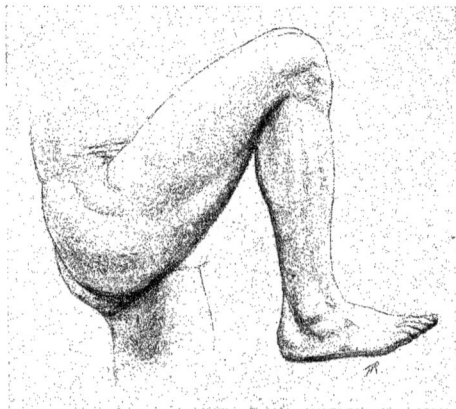

Fig. 2. — Flexion a angle aigu (Plan externe).

Dr Paul Richer del.

PL. 105 *bis*.

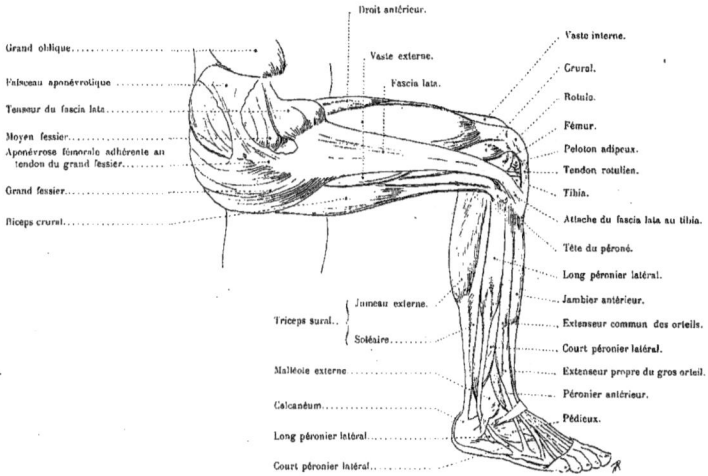

Grand oblique..............
Faisceau aponévrotique ...........
Tenseur du fascia lata............
Moyen fessier..................
Aponévrose fémorale adhérente au
tendon du grand fessier.........
Grand fessier.................
Biceps crural.................

Droit antérieur.
Vaste externe.
Fascia lata.

Vaste interne.
Crural.
Rotule.
Fémur.
Peloton adipeux.
Tendon rotulien.
Tibia.
Attache du fascia lata au tibia.
Tête du péroné.
Long péronier latéral.
Jambier antérieur.
Extenseur commun des orteils.
Court péronier latéral.
Extenseur propre du gros orteil.
Péronier antérieur.
Pédieux.

Triceps sural..
{ Jumeau externe.
{ Soléaire........
Malléole externe ...........
Calcanéum...............
Long péronier latéral..............
Court péronier latéral............

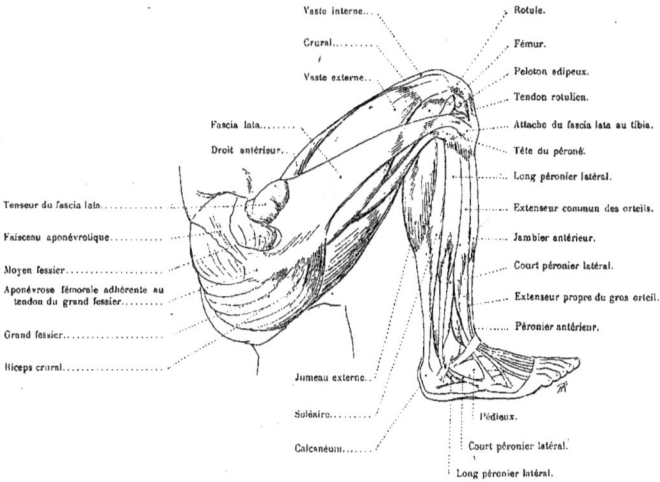

Vaste interne...
Crural........
Vaste externe..
Fascia lata.......
Droit antérieur..
Tenseur du fascia lata...........
Faisceau aponévrotique............
Moyen fessier...................
Aponévrose fémorale adhérente au
tendon du grand fessier.........
Grand fessier...............
Biceps crural...............

Rotule.
Fémur.
Peloton adipeux.
Tendon rotulien.
Attache du fascia lata au tibia.
Tête du péroné.
Long péronier latéral.
Extenseur commun des orteils.
Jambier antérieur.
Court péronier latéral.
Extenseur propre du gros orteil.
Péronier antérieur.

Jumeau externe..
Soléaire........
Calcanéum......

Pédieux.
Court péronier latéral.
Long péronier latéral.

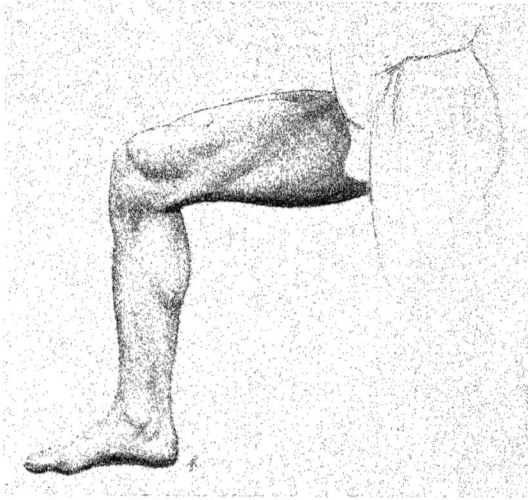

FIG. 1. — FLEXION A ANGLE DROIT (Plan interne).

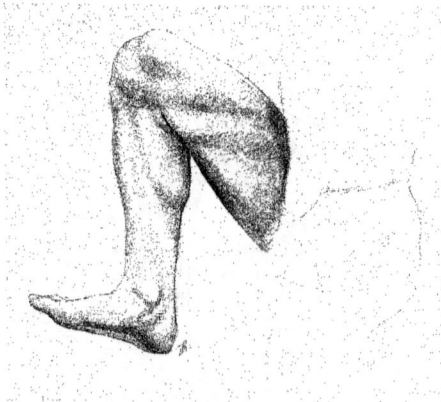

FIG. 2. — FLEXION A ANGLE DROIT (Plan externe).

Dr Paul Richer del.

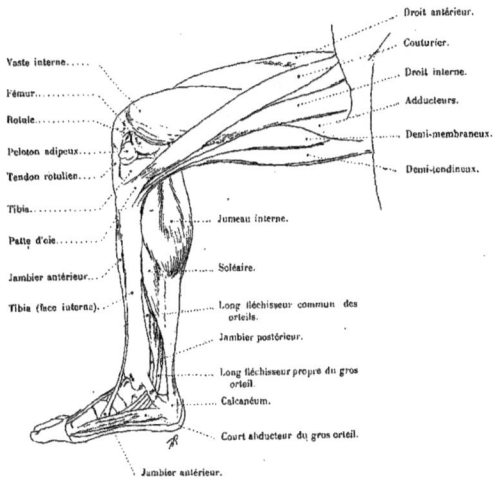

Droit antérieur.
Couturier.
Droit interne.
Adducteurs.
Demi-membraneux.
Demi-tendineux.

Vaste interne.....
Fémur.....
Rotule.....
Peloton adipeux.....
Tendon rotulien.....
Tibia.....
Patte d'oie.....
Jambier antérieur.....
Tibia (face interne)..

Jumeau interne.
Soléaire.
Long fléchisseur commun des orteils.
Jambier postérieur.
Long fléchisseur propre du gros orteil.
Calcanéum.
Court abducteur du gros orteil.

Jambier antérieur.

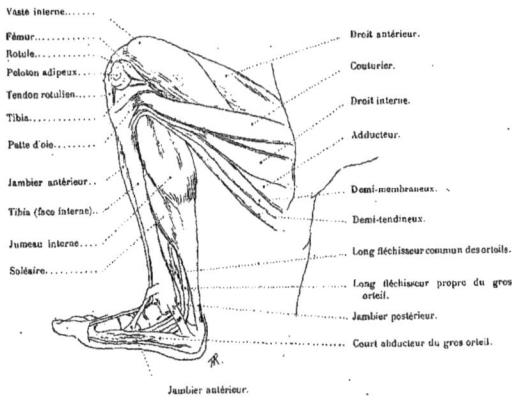

Vaste interne.......
Fémur.....
Rotule.....
Peloton adipeux...
Tendon rotulien.....
Tibia.....
Patte d'oie.....
Jambier antérieur..
Tibia (face interne)..
Jumeau interne.....
Soléaire.........

Droit antérieur.
Couturier.
Droit interne.
Adducteur.
Demi-membraneux.
Demi-tendineux.
Long fléchisseur commun des orteils.
Long fléchisseur propre du gros orteil.
Jambier postérieur.
Court abducteur du gros orteil.

Jambier antérieur.

FIG. 1. — FLEXION A ANGLE DROIT, LES PIEDS PORTANT SUR LE SOL.

FIG. 2. — FLEXION A ANGLE AIGU, LES PIEDS PORTANT SUR LE SOL.

*Dʳ Paul Richer del.*

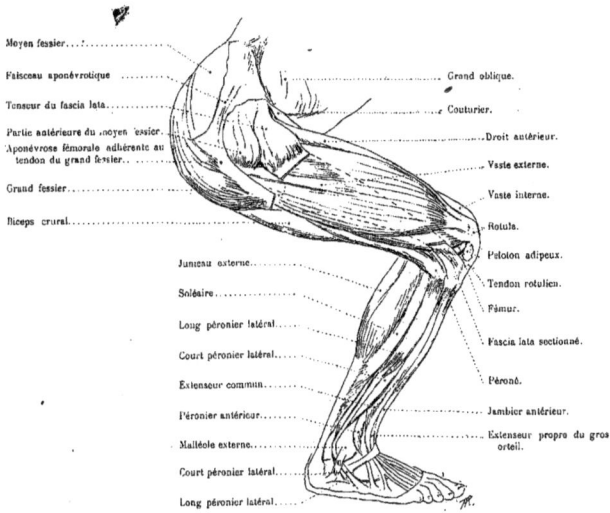

Moyen fessier...
Faisceau aponévrotique
Tenseur du fascia lata
Partie antérieure du moyen fessier
Aponévrose fémorale adhérente au tendon du grand fessier
Grand fessier
Biceps crural

Grand oblique.
Couturier.
Droit antérieur.
Vaste externe.
Vaste interne.
Rotule.
Peloton adipeux.
Tendon rotulien.
Fémur.
Fascia lata sectionné.
Péroné.
Jambier antérieur.
Extenseur propre du gros orteil.

Jumeau externe
Soléaire
Long péronier latéral
Court péronier latéral
Extenseur commun
Péronier antérieur
Malléole externe
Court péronier latéral
Long péronier latéral

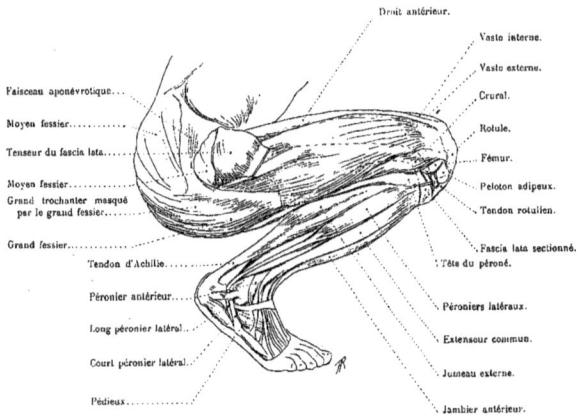

Droit antérieur.
Vaste interne.
Vaste externe.
Crural.
Rotule.
Fémur.
Peloton adipeux.
Tendon rotulien.
Fascia lata sectionné.
Tête du péroné.
Péroniers latéraux.
Extenseur commun.
Jumeau externe.
Jambier antérieur.

Faisceau aponévrotique...
Moyen fessier
Tenseur du fascia lata
Moyen fessier
Grand trochanter masqué par le grand fessier
Grand fessier
Tendon d'Achille
Péronier antérieur
Long péronier latéral
Court péronier latéral
Pédieux

Pl. 108.

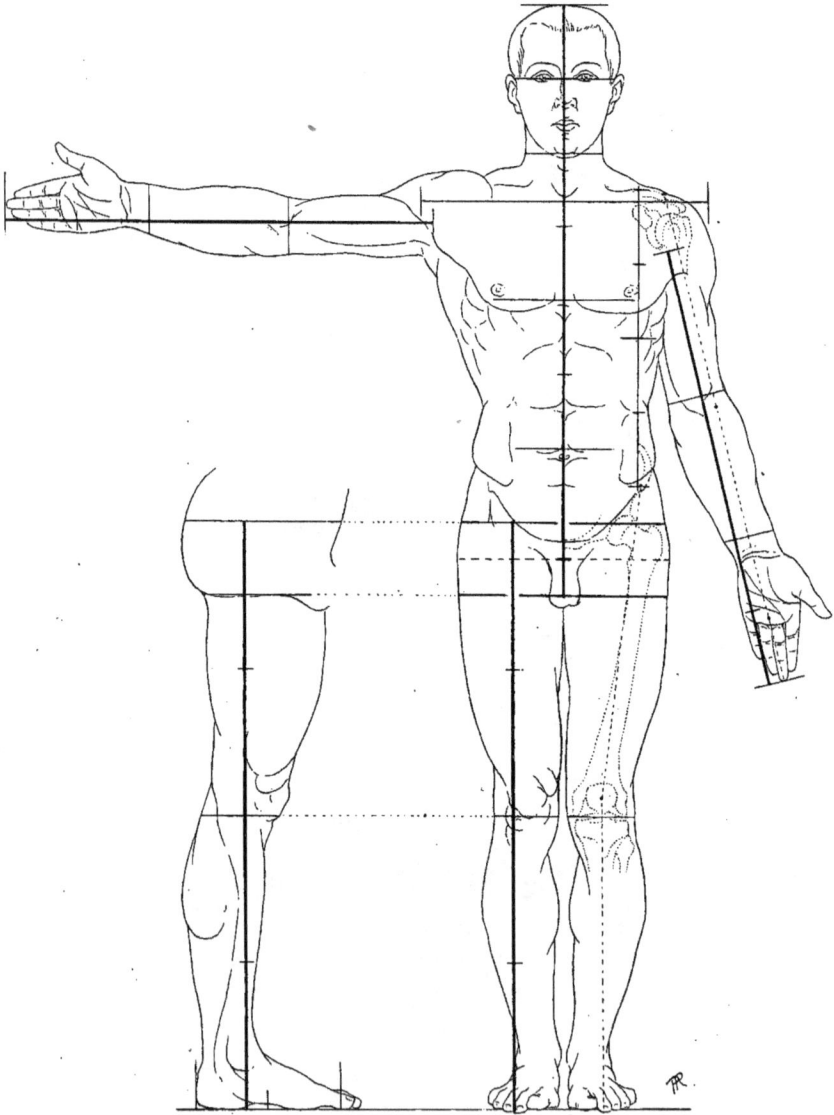

PLAN ANTÉRIEUR.

*Dr Paul Richer del.*

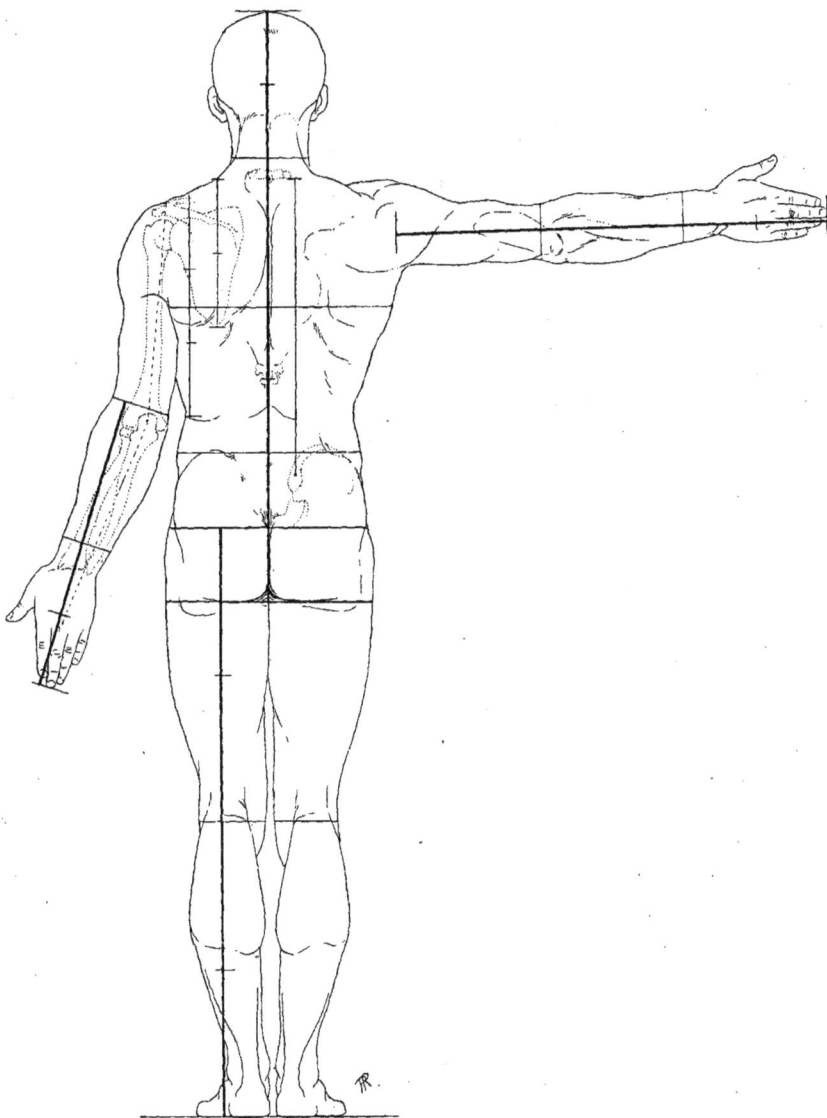

PLAN POSTÉRIEUR.

Dr Paul Richer del.

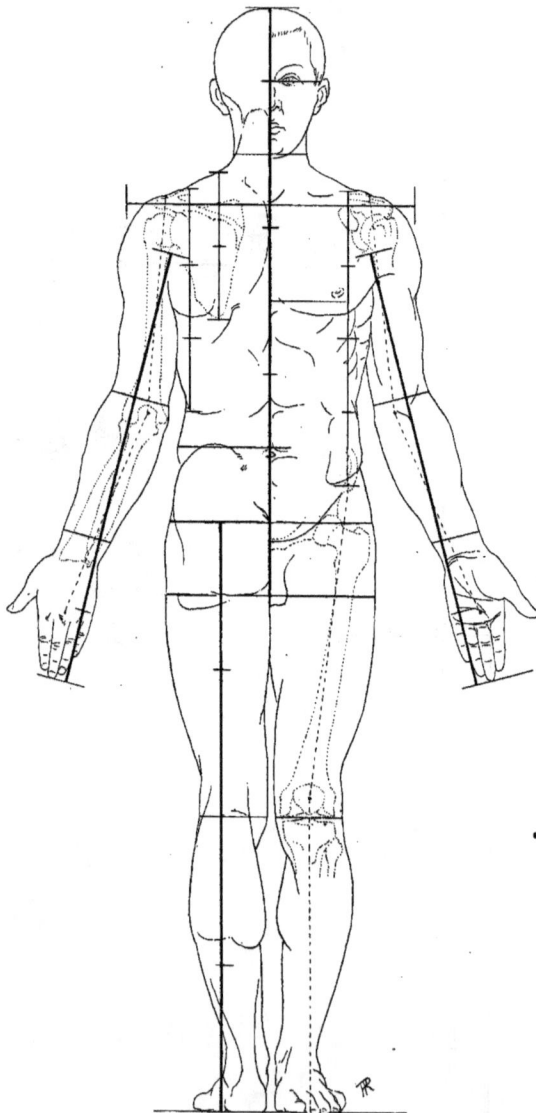

PLAN POSTÉRIEUR ET PLAN ANTÉRIEUR RÉUNIS.

Dr Paul Richer del.

PARIS

TYPOGRAPHIE DE E. PLON, NOURRIT ET C<sup>ie</sup>

RUE GARANCIÈRE, 8

www.ingramcontent.com/pod-product-compliance
Lightning Source LLC
Chambersburg PA
CBHW071910200326
41519CB00016B/4556